激發興趣 × 潛意識溝通 × 診斷式提問，從準備⋯⋯⋯⋯⋯技巧

銷售只靠七步成交，讓⋯

贏心策略

柯勝威 —— 著

WINNING STRATEGY

最實效的心理學理論
＋最實用的銷售話術

購買決策三階段、銷售人員五大功夫、七步制勝流程，
一本書帶領銷售人員走出困境，完成每一個步驟的訓練！

目錄

序

　　一入江湖歲月催，不知不覺在銷售江湖上已經走過十幾個春秋。在那些蒼茫歲月裡，從一線銷售陌生拜訪做起，到做商業培訓管理顧問，一邊鑽研、一邊練習、一邊分享，將這些歡笑和心得一點一滴地收藏起來，經過反覆修改，最終整理成本書。這本書是我多年研究及實踐成果的總結。

　　在銷售訓練課堂上，我和學員們一起分享討論，做案例分析、角色扮演，演練一個又一個銷售技能；在市場上，我陪他們一起拜訪客戶，觀察分析他們的銷售行為，揣摩他們的心理，挑戰一個又一個銷售難題。在這個過程中，我經常被問到以下一些問題：

- ⊙ 如何讓客戶爽快答應和我見面？
- ⊙ 如何讓客戶立刻對我產生信任？
- ⊙ 如何找到客戶感興趣的話題？
- ⊙ 如何像讀書一樣地去讀懂客戶？
- ⊙ 如何在激烈的競爭中，讓客戶對我情有獨鍾？
- ⊙ 如何引導客戶按照我的思路走？
- ⊙ 如何消除客戶的顧慮？
- ⊙ 客戶說不需要，怎麼辦？
- ⊙ 客戶跟我討價還價怎麼辦？

序

　　如何化解這些問題？祕訣在哪裡？我的答案很簡單也很基本，那就是：認識本質、遵循常識、找到致命弱點，這就是銷傲江湖的王道。

認識本質

　　本質的東西一定是至簡至易的。任何一個問題都有它的本質，抓住本質，就能找到答案。只有知道客戶真正需要的是什麼，你才能知道怎麼去銷售。

　　有個好玩的測試：有兩個蘋果，A 蘋果不帶葉子，B 蘋果帶葉子，你會買哪一個？

A　　　　　B

　　大多數人會選擇 B 蘋果。

　　那麼請問你是在買蘋果呢？還是在買葉子呢？你發現銷售的本質了嗎？傳統銷售員賣的是蘋果，而本書告訴你要賣新鮮。這可能是一個顛覆，正如某水果品種「賣的不是橙子，是勵志！」，某電池公司「賣的不是電池而是讓客戶賺錢的方法」，那麼你賣的是什麼呢？不只是產品，而是產品帶給客戶的某種好處，或許是幫助客戶解決問題的方案，或許是幫助客戶實現夢想的方法等等。一味地想怎麼把產品賣給客戶的銷售人員永遠也看不到銷售的本質，銷售的本質就

是怎麼幫助客戶購買，給客戶展現他重視的、他需要的東西，而不是你認為重要的東西。

遵循常識

我的一位學員說，現在有很多課程都在講銷售技巧，我也學習了很多銷售技巧，但是在那些比你聰明的客戶面前，施展這些技巧，感覺自己像跳梁小丑一樣。怎麼回事？

在銷售課堂上和實踐中，我發現解決問題最重要的方法並不是那些高深莫測的新理論，而是常識。常識包括規律性的東西，比如「購買就是認知、分析、決定」、「致命弱點來自於煩惱和欲望，購買有兩個動機：逃離痛苦和追求快樂」、「價值不到，價格不報」等；還包含人際關係中的「人之常情」：「己所不欲，勿施於人」、「欲先取之，必先予之」、「萬事開頭易，要有親和力」、「隨時隨地讚美和感恩」等。

世界上沒有兩片完全相同的葉子，同樣，世界上也沒有完全相同的兩個客戶。在銷售的課堂上，我讓大家學習不同類型客戶的差異性，用客戶喜歡的方式，給客戶想要的東西，這種「春風化雨，潤物無聲」的柔性銷售，讓客戶覺得很舒服。正如《紅樓夢》中有一副對聯：「世事洞明皆學問，人情練達即文章。」我所講述的很多專業的方法本質上都是這些「世事人情」常識的細化和深入淺出的表達。銷售高手就是要以紅塵為師，從司空見慣的常識中學習銷售的智慧和

解決問題的方法。立足於常識，用常識解決問題。不只是在實踐銷售，更是在學習做人。

找到致命弱點

很多人問我：「本書的理念和 SPIN 銷售有什麼區別呢？」SPIN 和本書講述的都是顧問式銷售的理念，SPIN 重點強調「提問」；本書以客戶需求致命弱點為中心，把銷售人員的五大功夫（規劃全局、掌控流程、巧妙提問、展示優勢、獲取承諾）融合進了與客戶採購流程相匹配的銷售流程之中，把顧問式銷售發揮到極致，更落地、更適合我們，拿來就可以用，用了就會有效果。

一個產品解決的客戶需求致命弱點越明確，用處越具體，就越好賣。比如我們怎麼把《銷傲江湖》課程（我的一門課程叫《銷傲江湖》）介紹給客戶？如果我們直接說：「透過三天的《銷傲江湖》學習，你可以掌握銷售人員必備的五大功夫、學會拜訪客戶的七大步驟，你可以迅速成為銷售專家。」可想而知客戶聽了一定會一頭霧水，半信半疑。怎麼辦？你就要走進他的心靈世界，透過提問去挖掘他的需求致命弱點，幫助他認識並看清楚自己現在的「悲慘世界」，再去解決他的致命弱點並描述解決困境後的「美好世界」，例如：「先生，你剛做銷售，是嗎？你正在因為被客戶拒絕而煩惱，是嗎？面對剛交換完名片的客戶你不知道該說什麼，

對嗎？你想學到一種能讓自己在一個星期之內就成為專家的方法，是嗎？《銷傲江湖》課程裡有一種方法能讓你上午學了，下午就能像專家一樣和客戶溝通，在客戶心目中瞬間建立起你的專業信任度，有沒有興趣了解一下呢？」這樣的介紹會不會更容易和他的心靈產生連接和互動？

　　為了讓本書更具有系統性和實戰性，我將基於客戶購買決策的三個階段，圍繞銷售人員必須掌握的「五大功夫」，依循「七步制勝」這一極易掌握的銷售流程，來系統地介紹有關的銷售知識和技巧，把每個步驟都落實到實際操作的層面，用最實效的心理學理論和最實用的銷售話術，帶領銷售人員走出困境，完成每一個步驟的訓練。本書適合銷售人員、銷售管理者、銷售培訓師以及期待擁有更好人際關係和提升溝通能力的人士閱讀使用。

　　扎扎實實練好內功，堅持為客戶創造價值，該流的汗水一滴也不能少，該下的功夫一點也不能少。終有一天，你會成為某個領域的銷售專家，你發現幸福會自動來敲門，你的訂單會不請自來，你的人生會有意想不到的驚喜，你再也找不到過去那個一無是處的你。在別人眼裡，你不再是一個「索取者」，而是一個「無私給予」的人，有誰會拒絕你善意的幫助呢？那時候，你和客戶的溝通成本幾乎是零，談笑之間風生水起，呼吸之間不銷而銷。

柯勝威

引言

初「識」銷售 ── 這是一個溫暖的江湖

　　銷售，是一個與我們的生活息息相關的詞彙。在日常生活中，我們不是扮演著銷售者的身分，就是定位在被銷售者的角色。對於很多人來說，非常複雜的人際環境、自身的缺陷、對於銷售行業的恐懼，都讓他們對銷售行業望而卻步！可是，他們卻不曾知道：銷售，也是一個溫暖的江湖！

　　面對銷售，不要再說「我不行」，因為我們每個人都有成為銷售好手的潛能；有些已經對銷售行業進行嘗試的人，為什麼會覺得這是一項複雜的工作？那是因為他們還沒有明白銷售也是一種修行。還有人會覺得銷售行業長路漫漫，那是因為他們還沒有掌握銷傲江湖所傳授的技能！殊不知，銷售的大成之路，七步便可制勝！

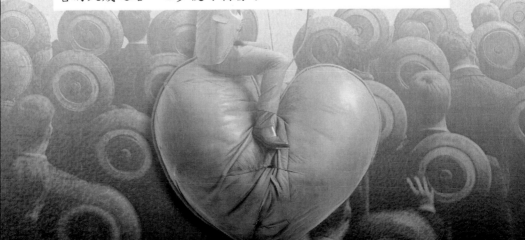

一、

每個人都能成為銷售好手

有一個女孩，從小就幻想能成為一名優秀的舞蹈家，可是一直都沒有機會進行學習。一直到了三十歲，才在別人的鼓勵下開始去學習舞蹈。因為沒有舞蹈基礎，這位女孩學得非常吃力，做一個普通的旋轉動作就要摔倒好多次。時間久了，她越來越覺得自己根本就不是學舞蹈的材料。當她把自己的想法告訴老師之後，這個拄著柺杖的舞蹈老師意味深長地告訴她說：「親愛的，妳當然是一個舞蹈演員，只是妳還不知道該如何跳舞罷了。」

這位舞蹈老師的話可以說是直擊這個女孩的心靈。沒錯，我們每個人生來都具備著運動的潛能。而舞蹈正是在音樂伴奏下，將這種運動以一種更加優美的方式展現出來。我們之所以說自己不會跳舞，只不過是因為我們還不知道如何激發自己身上的這種潛能。

跳舞如此，銷售亦然。

「也許你還沒有勇氣踏入銷售行業，也許你還不是一個銷售高手？這一切都沒有關係。不是因為你不會銷售，而是因為你還沒有樹立正確的銷售意識，你的銷售潛能還有待開發。」每一次培訓正式開始之前，我都會說出上面這段話。

跳舞是拿音樂與身體來進行互動，而銷售則是一種人與

人之間的互動。不論你是高高在上的名門望族，還是普普通通的平民百姓，我們總是避免不了要和他人溝通，這也是我們在社會上生存的一項基本技能。當我們將銷售定位到這樣一種溝通上時，所有的問題也就迎刃而解了。

　　銷售的過程，既是發揮我們溝通能力的過程，也是激發我們潛在溝通能力的過程。在溝通的過程中實現「互通有無」，這也恰恰是銷售的本質。然而，我們還要看到銷售中的人際關係與普通人際交往中的一些區別。只有抓住了這些不一樣的「點」，我們的銷售才會更加順風順水。在我看來，銷售就是：

1. 分享與幫助

　　在進行普通的人際交往時，我們的目的紛繁多樣，或命令，或祈求，或解決問題，或關心撫慰？而在銷售的過程中，作為一名優秀的銷售員，我們則應該明確自己溝通的目的 —— 分享與幫助客戶！

　　有很多銷售員意識不到這一點，總以為把自己的商品賣出去才是最重要的事情。於是，他們在銷售的過程中，只會把產品的解說語背得滾瓜爛熟，一遍又一遍地對不同的客戶陳述，而客戶則大多也只是匆匆一瞥了之。

　　之所以會出現這樣「吃力不討好」的問題，就是因為他們還沒有領略到「分享與幫助」的真諦。一個優秀的銷售員，應

該抱著給客戶分享一個好的產品，或者是產品能幫助客戶解決問題的心態來銷售產品，這才能真正地從心坎上打動客戶！

一個簡單的心態轉變，就能讓我們在銷售中有意想不到的收穫！

2. 轉化並同步

很多銷售員在實際的銷售中都會遇到這樣的情況，就是客戶直截了當地告訴自己：「你的產品實在是太差了，我不需要！」

很多銷售員面對這樣「直白」的表述都會手足無措。其實，解決這種問題有時候也僅僅是需要一句話而已。

在一次培訓課上，我曾邀請一名學員演示一個互動，我讓他當面對我說：「老師，你的課實在是太爛了，我們一點都聽不懂，一點都不實用！」聽到這樣刻薄的話語，我也只是微微一笑，說道：「你說得非常有道理，那麼你覺得我講點什麼才實用呢？」

在這之後，這位學員就打開了話匣子，很詳細地說出了自己的一些建議。

其實，這就是一個簡單的轉化同步的過程。在引導這位學員指出問題的同時，我們自身開始學會站在對方的角度思考問題，這更有利於我們放大客戶的需求，最後利用我們自身的資源來幫助客戶！一個簡單的銷售自然而然也就完成了。

綜上所述，在我們每個人的身上，其實都具備成為一名銷售高手的潛能！因此，不要畏懼銷售，也不要覺得自己沒有銷售的天賦。在銷售這個溫暖的江湖中，我們可以成為一名銷售高手！

二、
持修行之心，成銷售之事

闖蕩武林江湖，需要十八般武藝；闖蕩銷售江湖，我們則需要抱著一顆修行之心。

很多人對銷售都有一種誤解，銷售的過程非常簡單，可是一旦我們去挖掘銷售的本質，就會發現，我們之所以需要在銷售中修行，就是因為它絕對不是一朝一夕能夠完成的任務，這是一個循序漸進的過程。

從前有一個書生跟著一位道士修行。道士以修建天宮資金不足為由，讓這個書生到山下去賣胭脂。

一個斯文靦腆的書生怎麼可能會賣東西呢？結果，他在山下待了半天，一件東西也沒有賣出去。這時候道士化裝成一個小販對書生說道：「賣東西，就一定要喊出來。你什麼都不說，怎麼能夠賣出去東西呢？」

聽了道長的指點，書生決定克服自己的膽怯，於是勇敢地吆喝起來。

雖然書生已經很努力地進行銷售，可是效果依然不怎麼樣。這個時候他才意識到：修道需要用心，賣胭脂也同樣需要用心。於是，他決定主動出擊，走遍大街小巷銷售自己的胭脂。即使遇到別人的冷嘲熱諷也是一笑而過。

因為賣的是女性用品，書生難免要接觸很多女人。面對

一些妖嬈女人的誘惑，書生始終不為所動，時刻提醒自己是一個修行之人。

經過長達幾個月的努力，書生終於湊足了修建天宮的錢。然而，在他回寺廟的路上，突然遇到一群將士正在凌辱一群少女。書生隨即義正詞嚴地站出來說：「我把我的黃金千兩全部贈送給將軍，希望將軍能夠放了這些人。」將軍見錢眼開，馬上答應放了那些少女。

回到山上之後，這個書生沮喪地告訴了道士自己用錢救少女的經過。只見道士虛空一指，笑著對書生說道：「你已經幫我修建好天宮了啊！」

看著眼前這座美麗的宮殿，書生恍然大悟！

透過這個故事我們可以看到：書生的銷售過程其實就是一個修行的過程！同時，也只有懷著一顆修行之心來看待銷售，我們才能夠成為集大成者。而這個故事，我總會在培訓過程中多次地講述，告訴學員什麼才是銷售員應有的心態。

銷售，是一場修行。

在銷售的過程中，書生首先克服了自己膽怯的心理，開始嘗試著主動與人交流，勇敢地踏出了第一步！在之後，他又能夠不為美色所動，以很強的定力完成了自己的銷售目標。這也讓他明白：銷售也是一個苦其心志、勞其筋骨的過程！這不是一個你爭我搶的名利場，而是一個提高心性的修練場！放下自己，打開心扉，我們才能真正地銷傲江湖！

銷售，是一場修行。

真正的銷售不僅要成就自身，更要能夠幫助別人！從表面上看，書生最後沒有達到道士要求的業績目標，可是他卻幫助一群少女擺脫了魔掌，其實這才是真正的功德，天宮也自然而然地修建完成！這也是在啟示我們：真正的銷售一定要回歸它的本來面目！

你銷售的出發點是為了銷售產品，還是想要幫助別人？真正的銷售高手不應該是一個僅僅提供產品和解決方案的「絕對成交」大師，而是那些真正「能夠和客戶不斷探討，提出獨特見解，將『成敗』置之度外，就算一時不能成就也無所謂的人」！

從現在開始，就讓我們持著一顆修行之心來看待銷售，告訴自己：「我做銷售就是要幫助別人！」不以物喜，不以己悲，不能讓別人的態度影響到自己！當客戶的生活能夠因為我們的產品或者服務而變得更加美好的時候，也就是我們修成正果之時！

三、
庖丁解牛 —— 用心理學解碼客戶的決策規律

　　一隻兔子去釣魚，第一天什麼都沒釣到，第二天也毫無收穫，第三天兔子正要空手離開的時候，一條魚跳出來說：「你這傢伙，明天再用胡蘿蔔釣魚我就拍死你！」

　　大笑之餘，不覺對自己、對銷售的態度做一次深刻的反思：我們是否經常拿胡蘿蔔去釣魚了？在「釣客戶」的時候，我想的是自己喜歡什麼，還是客戶喜歡什麼？

　　我見過很多人在做銷售之初都會抱著一種急功近利的心態，看見客戶就會猛撲上去：「請您使用一下我們的產品，好嗎？」、「請問您能聽我介紹一下我們的產品嗎？」一連串看上去「恭恭敬敬」的話語，卻只會讓客戶滋生厭煩的情緒。

　　在銷售中期，對於那些已經有購買意願的客戶，有些銷售員只是知道盲目地催促客戶，讓客戶早點簽訂合約了事，可結果卻往往是「賠了夫人又折兵」，不但沒有達成交易，還白白地浪費掉了自己寶貴的時間。

　　究其原因，皆是因為他們沒有掌握客戶的決策規律！

　　世間之事行進，都有一個潛在的客觀規律存在。倘若我們違背了這個規律，勢必處處受困，諸事不順。反之，當我們掌握了這個規律，事情的發展自然也會順風順水。銷售也是如此。當我們正式對客戶進行銷售的時候，就應該對他們

的決策規律進行必要的了解。

庖丁給梁惠王宰牛。手接觸的地方，肩膀倚靠的地方，腳踩的地方，膝蓋頂的地方，嘩嘩作響，進刀時霍霍地，沒有不合音律的：合乎《桑林》舞樂的節拍，又合乎《經首》樂曲的節奏。

梁惠王說：「嘻，好啊！你的技術怎麼竟會高超到這種程度啊？」

庖丁放下刀回答說：「起初我宰牛的時候，眼裡看到的是一隻完整的牛；三年以後，再未見過完整的牛了。現在，我憑精神和牛接觸，而不用眼睛去看，感官停止了而精神在活動。依照牛的生理上的天然結構，砍入牛體筋骨相接的縫隙，順著骨節間的空處進刀，依照牛體本來的構造，筋脈經絡相連的地方和筋骨結合的地方，尚且不曾拿刀碰到過，更何況大骨呢！如今，我的刀用了十九年，所宰的牛有幾千頭了，但刀刃鋒利得就像剛在磨刀石上磨好的一樣。那牛的骨節有間隙，而刀刃很薄；用很薄的刀刃插入有空隙的骨節，寬寬闊闊地，那麼刀刃的運轉必然是有餘地的啊！因此，十九年來，刀刃還像剛從磨刀石上磨出來的一樣。每次解牛完成，我還會仔細地把刀擦抹乾淨，收藏起來。」

這就是《庖丁解牛》的故事，庖丁正是因為熟練地掌握了牛的身體結構，才在解牛的時候避免刀碰骨頭的現象，

一把刀能用十九年之久。庖丁解牛是這樣，我們與人打交道也是這樣。很多人做銷售為什麼會覺得心很累，那是因為他們與人打交道的時候，經常碰到人的「骨頭」。庖丁解牛要了解牛的結構，那麼我們做銷售，要不要了解客戶的「結構」—— 形成決策的過程呢？如果對客戶決策的結構了然於心，那我們也能做到遊刃有餘，並且保持刀的鋒利如初，開心無比。那什麼是鋒利無比的刀呢？就是心理學。我的整個銷售課程都是在研究顧客的心理，實際上我們研究銷售的絕殺祕笈，就是從研究顧客的心理出發的。

客戶決策的三個階段：

（下面以我買電腦的一次經歷為例，用心理學來解碼客戶的購買行為和決策的流程。）

1. 認知階段（為什麼買）

我原來的筆記型電腦用了 4 年了，這個電腦有些舊了，該換了，這只是我的模糊的想法。後來我發現電腦運行速度越來越慢，這時候已經有了「買電腦」的需求了。最後「問題」出現了：電腦總是莫名其妙地當機或自動關機，我辛辛苦苦寫的文案，經常因為當機沒保存下來，嚴重影響到工作了。正是意識到了這種變化有了問題，就有做出改變的想法，想買一臺新的筆電。這屬於「認知」階段，認清自己的現狀、形成自己清楚的需求，只有需求還不夠，當需求上

升為我的痛苦（致命弱點），就產生一種改變現狀的衝動或想法。

2. 分析階段（買什麼）

「認知」階段之後，我就要思考買什麼樣的筆電。什麼配置？螢幕多大尺寸？什麼品牌？什麼價位？這是「分析」階段，想盡各種可能，建立選擇標準的過程。

3. 決定階段（怎麼買）

最後的過程就是在很多符合我的「標準」的解決方案裡，選擇那個最符合我的要求和標準的，然後決定在哪裡買、跟誰買、什麼時間買，這就是決定階段。

購買的這三個階段在客戶的大腦裡，是從前往後的邏輯順序，先有「為什麼買」，再有「買什麼」，最後是「怎麼買」。銷售高手一定要關注客戶的決策思維過程。

客戶到底為什麼購買？

客戶購買的原因源於自己對需求的認知，以及這種需求上升為「致命弱點」。

需求的致命弱點來源於兩方面：煩惱（電腦無法正常運轉而影響工作所帶來的煩惱）和欲望（花 100 萬元購買一輛新的奔馳轎車只是為了更加舒適與雅緻）。所以說，「致命弱點」是一種內心主觀感受、願景和想法。例如，買電視是為

了享受和家人一起看電視的溫馨，買房是為了享受有房子的優越感和家的歸屬感。

所以，我常常告訴學員，要學會研究客戶的致命弱點：是想要解決什麼煩惱還是要滿足什麼欲望，客戶所有的購買理由都可以用這兩個方面來概括。

客戶的所有主觀認知都屬於致命弱點的範疇，有些可以明確說出來，有些只是內心深處的感覺，這就需要我們在銷售的過程中，敏銳地去判斷客戶的致命弱點具體是什麼，究竟是什麼在影響著客戶的決定和決策。

只有弄清楚了客戶的致命弱點，才能給對方提供符合他致命弱點的方案，也才能讓他儘快做出購買的決策。所以說，一個好的銷售人員一定是半個心理學家 ── 學會發掘客戶需求的致命弱點。

動力窗理論

人們做任何事情都有其行為動機，動機可以概括為兩方面：追求快樂和逃避痛苦。當一個人看到他行動的好處和不行動的代價時，他就會行動。反之，當一個人看到他行動的代價和不行動的好處時，他就會不行動。

客戶決策也是如此。銷售員想讓客戶行動 ── 做出購買的決策，就要幫助客戶打開「行動的好處」和「不行動的代價」，而如果打開的是「行動的代價」和「不行動的好

處」，客戶自然不會選擇購買。這就是所謂的動力窗理論！

在講到這個理論時，我曾給學員講過一個故事：

一幢房子，兩邊有兩個窗戶，一個望向大海，一個面向垃圾場。太太想賣掉房子，老公不想賣，兩人產生了分歧。

當太太帶人來看房子時，老公關上瞭望海景的窗，打開了面朝垃圾場的窗。買房人見此景象，打消了購買的念頭。

這個故事形象地說明了什麼是「行動的代價」：顧客一旦購買房子，就要付出痛苦的代價 —— 面對垃圾場。顧客之所以做出了不購買房子的決策，是因為老公打開了「行動代價的窗子」。當然，如果夫婦兩人都想賣掉房子，只要打開有海景的窗就可以了，這就是打開了「行動好處的窗子」。

利用「動力窗理論」，就可以在極大程度上影響客戶的決策。我在為一個銷售伺服器的公司培訓時，就教給了他們這個理論，讓他們從行動的好處和不行動的代價兩方面來推進銷售，他們很快發現，客戶對其產品所帶來的正面利益很感興趣，他們的銷售業績獲得了飛速的成長。

客戶的決策是一個心理過程，並有其規律性，我們只有利用心理學才能真正解碼客戶的決策規律。所以，要掌握客戶的致命弱點，並用行動的好處和不行動的代價去推動客戶，才能順利使客戶做出購買的決策。

四、
大成之路 —— 銷傲江湖，七步制勝

透過上面買電腦的案例，我們對客戶的購買決策流程有了一個大概的了解。我們繼續講那個案例。

我決定去電腦賣場，進到賣場，來到第一家電腦店，店員很熱情地問：「先生要買電腦嗎？進來看看吧。」我進了店門以後，這個營業員知道我是來買筆記型電腦，立即就把各式各樣的筆電拿過來，開始介紹：「這是新款，這是國際三大品牌之一，銷量全世界領先，一流的系統處理效能，液晶顯示器採用的是全世界最好的 A ＋級液晶螢幕，i7 都是四核，大快取，散熱好。」

這個店員給我的感覺就像是狼遇到羊一樣，狠狠地把我咬住，這樣「只有推銷，沒有服務」的場景您是否熟悉呢？他的工作就是在圍繞我的「選擇」階段在做工作，沒有去關注我前面的「認知」、「分析」兩個階段，也不了解需求，直接把產品的優勢拋出來，想讓我選擇。這時候他的介紹，其實跟我的購買理由毫不相干。

我逃離了第一家店，來到了第二家店。

店員笑臉相迎：「您好，歡迎光臨 ×× 專賣店，我們有 ×× 全系列產品，請慢慢挑選。」

我：「隨便看看。」

店員：「先生一看就是專業的成功人士，請問您是做什麼行業的？」

我：「企業管理培訓。」

店員：「哇！我最崇拜老師了，老師，您逛了一天挺辛苦，累了吧，先休息一下。您平時都用這臺電腦做些什麼工作？」「您選電腦是簡單實用，還是商務輕便呢？」

「您是已經有了一個產品配置呢，還是需要我為您推薦？」「您對功能上有什麼要求呢？」

「一般選購電腦時會考慮品牌、外形、配置、價格這幾個因素，請問您最看重哪一個方面？」

「除了這一點外，您還對哪些方面感興趣？」

和他溝通了半個小時，我的感覺是：他很了解我，他在幫助我。所以最後我跟他成交了。

我們來分析一下這兩個店員。

第一個店員把他的大部分精力放在介紹產品上，他先假設我會購買，拚命地向我呈現他的產品的優勢，整個銷售過程都是以這個店員為主，他在不斷地推銷他的產品，甚至連給我插話的機會都沒有，你聽我說，你別說，你聽我說，希望我能自動地把我的需求和他的產品優勢、功能做一個匹配。這其實違背了客戶決策的過程，相當於強加了一套邏輯給我，逼迫我做決定，結果就是我心裡很反感，他越努力，我越不爽。

　　第二個營業員是「以客戶為中心」，他懂得先在我的「認知」階段探索我的需求，然後在我的「分析」階段和我共同建立購買的標準，最後自然而然地過渡到我的「決定」階段，把他要推薦的產品和我的需求結合起來，讓我做出決定。

　　如果是小商品銷售的話，比如我賣菜刀，我就把菜刀的優點1、2、3說出來，很可能就把你切中了，你就買了，我不用給你說那麼多話，也不用去分析你的需求。但是我們做人訂單或大件商品的銷售，一定要跟著客戶的決策思維做，就像配合客戶的步伐跳一支舞，銷售流程一定要與客戶購買決策順序相匹配。這就要多費一些工夫了，但是我們知道，只有滿足了顧客的利益，這個顧客才能被你打動。

　　本書所講的銷售系統就是基於客戶購買決策的三個階段，提供了一系列的步驟，讓你的銷售過程與客戶購買決策過程保持一致，讓銷售人員知道在什麼時候應該做什麼事情；同時也可以讓銷售管理人員更好地對銷售人員的行為進行管理和監控，以便隨時指導和糾正銷售過程中的問題，提高工作效率。

　　為了讓廣大的銷售員能夠更快地步入銷售的大成之路，我們針對銷售流程，詳細地制定了七步銷售策略：

　　第一步和第七步分別發生在銷售開始前與拜訪結束後。

　　第二步行動到第六步行動發生在拜訪期間。

第二步、第三步是在探求客戶的「認知」，找到客戶需求的「痛」點。

第四步在客戶的「分析」階段，和客戶共同創造方案並達成共識。

第五步、第六步進入客戶的「決定」階段，結合客戶需求呈現產品或方案的優勢，讓客戶自主決定。

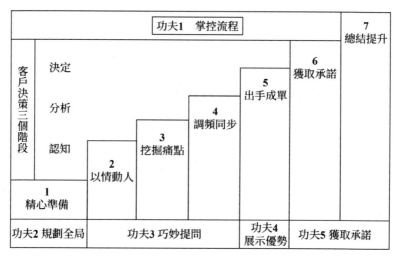

圖1 七步成交的流程圖

先簡明扼要地介紹一下這七步行動：

1. 精心準備

在拜訪客戶之前要做精心的準備，準備包括兩方面：銷售之前的準備和對未來可能出現的情況的準備。沒有任何準備就匆忙上場，你就會自亂陣腳，搞不清狀況。

所以，銷售之前先問自己幾個問題：「客戶是否有必要見我？」、「我是否做好了應對突發情況的準備？」、「我是否設定了客戶的行動承諾目標？」如果你能夠很好地回答這幾個問題，代表你已經準備得差不多了。這可以使你在銷售的過程中有的放矢，避免很多不必要的彎路。

2. 以情動人

客戶決策的過程是一個心理過程，那麼，我們在銷售的過程中就要抓住客戶的軟肋 —— 情。做到以情動人，打動客戶的內心，這必定是一次成功的銷售。我經常告訴學員，一個優秀銷售員的基本素養就是要學會以情動人！而我的培訓課程就是要傳授大家打開客戶情感任督二脈的技巧。

3. 挖掘致命弱點

客戶的致命弱點就是我們下手的地方，也是實現銷售成功的契機，一個優秀的銷售員要有挖掘客戶致命弱點的能力。如何挖掘致命弱點？要對客戶進行 360 度無死角的全方位剖析，找到客戶的煩惱和欲望，進而推動客戶做出購買的決策。致命弱點是成交的關鍵點，完成銷售的過程就是幫客戶解「痛」的過程。

4. 調頻同步

這個步驟是銷售的一個小高潮。經過前面幾個步驟的鋪墊，我們已經做好了足夠的準備。挖掘出了客戶的致命弱

點，知道了客戶的煩惱或欲望，我們要將客戶的需求致命弱點歸納整理，跟他確認，與他共同制定可以促成成交的方案，和我們達成共識。

5. 出手成單

這一步是產品、服務（或方案）的展示，此時，我們制定的方案一定是將客戶的需求與自己產品（或方案）的優勢完美結合起來的，用各種方法為客戶的右腦累積決策的感性。

6. 獲取承諾

成交是由客戶一系列的行動承諾構成的。每次拜訪結束時，我們都要以客戶的需求致命弱點為中心，結合自己期望獲得的行動承諾，再進行整體回顧、總結、確認、推動。這是我們和客戶會談中的「畫龍點睛」之筆。

如果客戶心中還有顧慮，那麼，針對顧慮，提出能夠推動承諾的方案。

7. 總結提升

成功簽單，並不代表著萬事大吉。這時候，我們還需要做好兩件事：一是總結。在這次銷售過程中，我們累積了哪些經驗，有什麼不足之處；二是售後服務。賣完產品並不等於銷售結束了，還必須為客戶提供優質的售後服務，讓客戶

對我們的銷售進行整體評估。做完這兩件事，我們的銷售過程才算真正完成。

銷售江湖，如何制勝？只需完成這七部曲。銷售並非無跡可尋，也並非沒有規律。銷售人員若能掌握這七步曲，便知道什麼時候應該做什麼事；銷售管理人員如果知道這七部曲，便知道如何培訓銷售人員，並對其銷售過程進行管理和監控，指導和糾正。

銷售江湖，七步制勝！掌握這七部曲，銷售人員必然笑傲銷售江湖！

第一章

精心準備 —— 勝兵先勝而後求戰

　　在銷售前，我們要做好充足的準備工作。真正的高手在沒有出手前，就已經成功了，因為真正的高手在出手前就已做好充足的準備工作，對成功當然就胸有成竹；反之，如果沒有做任何的準備工作就盲目地投入戰鬥，妄圖在僥倖中取勝，則很有可能會失敗。在本書中，我們將從銷售的流程入手，來教授大家如何做銷售的準備工作。

一、

提前設定客戶的行動承諾目標

有一位銷售員小王去拜訪客戶。見到客戶之後，他便開始深入細緻地進行產品和服務的介紹。客戶聽了一會，似乎對產品很有興趣。結果，銷售員興致勃勃地說了 20 分鐘，客戶也沒有一點厭煩的意思。

在談話的最後，客戶讓這名銷售員留下了產品手冊。銷售員聽了以後不禁暗自欣喜，想：「看來我的介紹非常成功，大概這筆生意能夠做成！」

他回到公司向他的主管匯報說：「我這次去拜訪客戶，了解到了客戶公司的一些情況，發現了我們的競爭對手有哪些，知道了客戶公司的決策者是誰，而且向他們詳細地介紹了我們的公司和產品，客戶很感興趣，說需要的時候再打電話給我。」

從表面上看，這位銷售員的產品介紹做得還不錯，那麼讓我們來看看這位客戶接下來的反應：

在銷售員走了之後，客戶拿起留下來的產品手冊翻閱，發現這名銷售員已經把產品的性能介紹得非常詳細。客戶想：「這個人看上去還不錯，產品的感覺也還可以，可是他今天只是給了我一本產品宣傳手冊，並沒有談接下來的合作。我的時間這麼緊，他簡直是在浪費我的時間。」

　　從客戶的反應來看，其與銷售員之前的推測可以說是大相逕庭，那麼問題究竟出現在哪裡呢？就是因為這名銷售員沒有提前設定客戶的行動承諾目標！

　　我們首先要區分兩個概念：「拜訪目標」和「行動承諾目標」。

　　小王說的「了解到客戶公司的情況、發現競爭對手、了解客戶公司的決策者是誰、介紹公司和產品」是拜訪目標，這些都很重要，也是很好的銷售目標，但這些都不是銷售人員拜訪客戶的根本原因。很多銷售員說：「我接待的客戶跟我溝通得很好，我跟他介紹得很詳細，我也留了客戶的電話，客戶說了以後有需要會打電話給我。」他自己認為這是一次成功的銷售會談，但如果你沒有對於「客戶下一步做什麼」做一個共同的約定，或者你沒有得到客戶的行動承諾的話，那麼這次銷售會談是失敗的。

　　為什麼有很多銷售人員總是拜訪客戶，客戶就是不簽單不行動呢？很多時候，銷售人員只強調自己做了什麼，而不清晰要讓客戶做什麼，這其實就是一廂情願。和客戶簽單合作是一個過程，而不是一次活動，是由實現一個個小目標，而最終實現大目標的過程。打個比喻，就像和客戶一起爬山，要一步一個臺階地爬上去，客戶不行動，就沒有效果。

　　我們和客戶的每一次會談，都有四種結果：兩種成功的，

兩種失敗的。兩種成功的結果是成交和獲得客戶承諾，兩種失敗的結果是沒成交和不了了之，小王的案例就是「不了了之」。

初次接觸一個客戶，如果第一次會談成交的機率很小，你就應該盡可能地獲得客戶的行動承諾，跟客戶做一個約定。我們每次拜訪客戶，就是要幫助客戶向他的目標行動，讓客戶在滿足自己致命弱點的同時，為我們雙贏的合作做出行動承諾！這個行動承諾，不是一下子就能達到簽單的目的，而是一步一步來，每次拜訪都要獲得客戶的行動承諾，客戶多次行動承諾兌現的最終結果就是和我們合作。行動承諾是客戶為滿足自己的致命弱點，同時推進項目進程而向我們做出的行動保證。銷售員的使命就是每一次會談都要得到客戶的行動承諾。

如何設定每一次拜訪客戶的行動承諾目標呢？第一，在制定行動承諾時仔細分析、反覆思索，看是不是源於客戶的致命弱點、滿足客戶的個人利益。第二，針對一次拜訪可以設定一個最佳的行動承諾、一個最低的行動承諾。客戶不給承諾時，可以繼續探索客戶顧慮的深層原因。

假如你是賣汽車的，汽車是大件商品，一次成交的可能性不大，那你怎麼辦？你要設定的這個客戶行動承諾目標一定要符合以下幾條標準：

（1）一定是客戶在某個環境（何時、何地、何人）下的具體行為，你可以跟客戶約定說「您下次什麼時間帶您的妻子一起過來看看吧」，或者說「5月1日我們會辦一個試駕活動，您帶您的家人來參加吧」等，跟他約好了下次在哪裡見面，都有什麼人出席，進行這樣的一個約定。

（2）一定是現實的、合理的，是客戶的能力所及的，不要超出客戶的決定權限，比如說你明明知道你面對的是一個使用者，他沒有決策權，而你非要讓他做一個決策，你這不是難為他嗎？

（3）一定是符合銷售流程的，比如在銷售的前期，你連客戶的需求都沒了解過，你就直接報價，讓客戶簽單，這樣的風險會非常大。

（4）一定要切合顧客的實際需求，符合他的心理需求。那麼根據什麼來設定客戶的行動承諾目標才符合客戶的心理需求呢？就是要根據你在會談中找到客戶的那些需求的致命弱點來設定。如果客戶他自己都不想做這樣的一個決定，你逼他也沒有用。銷售是開始一段關係，而不是結束一筆生意。

每次溝通拜訪完客戶，不要再說我們做了什麼，而要說客戶將要做什麼。那麼現在有個問題，如果我們提前設定的客戶行動承諾目標，客戶不答應怎麼辦呢？比如，在進行

展示產品的時候，我們設定的客戶承諾目標是「讓客戶簽單」，可是在拜訪客戶過程中，客戶就是不願意做決定，經過探索，發現還有一個重要的決策人沒有見過面，那怎麼辦？這個時候，我們就要把原來的客戶行動承諾目標「讓客戶簽單」調整為「約定與這個重要的決策人見面」。

孫子兵法曰：「兵無常勢，水無常形。能因敵變化而取勝者，謂之神。」銷售江湖千變萬化，銷售無一定之規，但必有章可循。銷售人員要有像水一樣的靈性，水的目標是流向大海，它遇到沙漠，會化成蒸汽；遇到山林石頭，會變成小溪；遇到斷崖，會變成瀑布。我們要「知止而後有定」，明確每一步的目標，不斷調整策略，透過獲得一個個客戶的行動承諾，把銷售進程一步一步向前推進，這樣最終水到渠成，直到成交。

二、
規劃銷售里程碑，建立成功階梯

　　JJ 集團為很多主機廠做代工產品，OEM 代工部業務的銷售週期很長，銷售員小王剛做銷售不久，在我的培訓課上，講述了自己的很多困惑，比如：很難約到客戶，特別是高層；見客戶不知道說什麼；客戶總說沒需求，不需要我們的服務；客戶不著急，總立不了項，立了項也遲遲不決策；不清楚做一個項目從頭到尾應該做哪些事情，等等。

　　做大客戶銷售，包含一系列銷售步驟，即很多階段，就像我們和客戶一起上樓一樣，要一個臺階一個臺階地上。你要規劃銷售的每一個里程碑，知道自己下一步走到哪裡。自己沒有銷售目標就不會有銷售 —— 也就沒有之後的一切。往往銷售週期拉長的一個原因是：在第一次見面的時候，你與客戶做了需求分析，但這之後又產生了許多你預先沒有聽說過的問題。確定銷售週期中的每一步，並為每一步設定一個承諾目標，這會加快解決問題的速度，比你想像的要快得多。

　　在我的幫助下，小王對銷售做了一個規劃，並設定了每一個階段的客戶行動承諾。

1. 約客戶見面

銷售的第一步就是約客戶見面。透過電話接觸,給客戶一個良好的第一印象,展現自己的專業素養,贏得客戶的好感和信任。同時收集客戶的相關訊息,並以有效的約見理由激發客戶和自己見面,這就是第一個客戶行動承諾目標。

與客戶見面後,便要透過提問和傾聽,了解客戶的現狀和期望,從而挖掘他的致命弱點。然後針對客戶可能的致命弱點,給他合理的建議,讓這次溝通變得對雙方都有意義。第一次拜訪並不一定要獲得很具體的行動承諾,但一定要實現以下幾個目的:給客戶留下一個好印象,激發客戶的興趣,讓他下次願意見你。

2. 尋找支持者

應該找誰談訂單?這個問題非常關鍵,因為這關係著你的銷售是否能夠成功。小訂單的決策者很容易找到,購買者無須徵求他人的意見。但是當向大公司銷售高級的解決方案時,就需要找到真正能拍板的決策人。大訂單一般不是一個人所能決定的。主機廠代工業務是一個策略性的決策,它影響著技術部門、生產部門、採購部門、財務部門等,所以在某個節點要找到支持你的人,和他進行溝通並找到他需求的致命弱點,贏得他的支持。

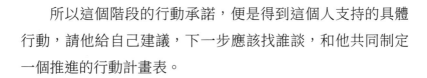

所以這個階段的行動承諾，便是得到這個人支持的具體行動，請他給自己建議，下一步應該找誰談，和他共同制定一個推進的行動計畫表。

3. 制定方案，達成共識

上一階段接觸到的那個人可能只是某個部門的負責人，他不是真正的決策人，也無法了解關鍵人的真正想法，透過他的推薦，這個階段我們接觸到了項目的關鍵人。他可能是管理者，也可能是使用者，我們只有了解他的想法，知道他的態度，才能找到客戶的真正致命弱點，做出有效的評估：這個單子還需從哪些方面進行努力，還要不要做卜去，拿下單子的機會是多少，應該採用什麼策略，等等。

那麼這一階段要取得的行動承諾，就是要關鍵人提供一些具體的關鍵訊息，配合我們制定方案，就訂單達成更多的共識。

4. 客戶立項認可

透過對多個人的拜訪，我們和客戶確定了銷售方案的內容，那麼現在就要根據客戶需求，為客戶安排方案講解、產品演示，使客戶對方案更加了解並增加信心，這樣做是希望得到這一階段的行動承諾，希望決策者對方案完全認同，點頭同意，並加快方案的推進過程。這個行動承諾在整個銷售環節非常重要。

5. 簽單

　　這是最後一個階段，也是最重要的階段，這個階段要達到的客戶行動承諾就是 —— 簽單。如果前面幾個階段都腳踏實地地做到了，在每一階段都達到了相應的客戶承諾，那麼這一階段也就順理成章了。

　　從這幾個階段可以看出，銷售的過程是上臺階，每一階段都要向前一步並向上一步，在每一階段都要拿到客戶的行動承諾，這個銷售利器對我們的幫助是巨大的！它將一個銷售的過程進行逐次分解，並且提出每一個階段具體的應對之策，使複雜的銷售變得簡單。

　　當小王掌握了這個客戶行動承諾規劃以後，他對銷售再也不像以前那樣困惑了。在每一次銷售前，他都會提前設定好客戶的行動承諾目標，根據這個設定，他就可以做到有的放矢，並很快達成目標。

三、
讓自己成為產品應用專家

　　銷售人員必須了解自己的產品，不只是泛泛地了解，而是必須成為產品應用專家，必須要像專家一樣全方位地透澈了解自己產品的所有相關訊息。例如：產品在客戶那裡是如何被使用的？是如何幫助客戶創造價值的？客戶為什麼要買我的產品？客戶會從我的產品中獲得什麼？把這些問題摸透，才能全面而又準確地向顧客介紹自己的產品，尋找銷售的切入點和銷售的機會。

　　很多企業對於銷售人員的培訓僅僅限於產品知識，但對「自己的產品在客戶內部的應用環境」卻從來不做任何培訓，這就造成在和客戶溝通時，無法自然地找到切入點。我就碰到過這樣的例子。我曾經為一個管理軟體公司做培訓，他們希望從我這裡學到更多的銷售技巧，但我向他們強調，產品知識和客戶應用知識同樣非常重要。因為管理軟體本身是將管理理念透過訊息化手段體現出來的一種工具，所以他們銷售的產品本質上不是「軟體」，而是「管理方法和理念」。但很多銷售人員對後者幾乎一無所知，那麼即使他們掌握了高超的銷售技巧，也難以應付客戶眾多複雜的專業問題。

外行人向內行人推銷的成功率越來越低，銷售人員必須成為產品應用專家，這樣才能和客戶深入地交流，引導客戶去體驗產品，給客戶最合理和最準確的方案。

銷售人員在成為產品專家前最需要了解的就是自己產品的優勢。

作為培訓公司，我經常遇到這樣的問題：「你們公司的培訓和其他公司相比有哪些優勢？」、「你們的培訓有哪些特點？」這兩個問題很多銷售人員都遇到過，但是否都能像我一樣立刻給出答案？往往不盡然。很多銷售人員在回答這個問題時都含糊其辭，因為他們沒有總結過自己的企業或者產品的獨特競爭優勢。

銷售競爭越來越激烈，銷售人員之間的競爭最後一定是產品優勢競爭。

物體背後一定有功能，產品背後一定有優勢。競爭取勝之道就是用我們的優勢去拚競爭對手的優勢。銷售產品其實是銷售一種優勢。如何去總結我們的優勢呢？在輔導 OOO 公司銷售人員的時候，我用「頭腦風暴」的方式，讓所有銷售人員經常開會總結產品的優勢，這些優勢不僅僅包括產品的優勢、公司的優勢，還包括銷售員自身的一些優勢。在總結優勢時，要不斷地問他們「還有嗎」，你會發現大家的潛能就被這個「還有嗎」激發出來了，越策越開心，優勢越來越多。

在這裡我們以 OOO 公司業務經理小張總結的公司的優勢舉個例子來說：

OOO 公司的優勢：①在全產業的排名中占據第三；②每年有 600 萬顆的產能；③公司的研發團隊是一流的國際水準，自主掌握核心技術；④擁有完整的產業鏈條；⑤為眾多的國際品牌代工；⑥業績保持每年 100％的成長；⑦資金雄厚，有非常專業的行銷團隊；⑧幫助客戶做店面建設；⑨海（海報、會議行銷）、陸（業務團隊）、空（電視、電臺、報紙、網路、社群媒體等）立體全方位推廣。

OOO 產品的優勢：①性價比最優；②保固期 18 個月；③五大性能比普通電池提升 30％以上；④高級、大氣、高質感的包裝；⑤影視明星代言；⑥多年良好的口碑。

個人的優勢：①18 年銷售管理經驗；②產業內有豐富的人脈資源；③具備銷售輔導、開店指導能力；④專業的產品知識。

如果你直接告訴客戶我有多麼優秀多麼好，這和老王賣瓜沒什麼區別，客戶心裡會想：「你說的那麼好，和我有什麼關係呢？那又怎麼樣？」動力窗理論告訴我們：客戶只有看到好處才會心動，心動才會行動。我們在求人辦事時也是一樣，不用兜圈子，繞來繞去，東扯西扯，很多時候就直接拋好處，那樣辦事效率就會高很多。每個人都是跟著好處走，

這不是自私，而是人性！所以我們一定要不斷地問自己：「那又怎麼樣呢？對客戶有什麼好處呢？」把這些優勢一條條地分析，轉換成能給客戶帶來的利益。

OOO 公司的優勢轉換成客戶的好處：

	優勢	給客戶帶來的好處
1	在全產業的排名中占據第三	客戶借助公司的力量變強大
2	每年有600萬顆的產能	給客戶充足的貨源
3	研發團隊是一流的國際水準，自主掌握核心技術	讓客戶緊跟市場趨勢
4	擁有完整的產業鏈條	降低成本，增強市場競爭力
5	為眾多的國際品牌代工	國際品質，售後無憂
6	業績保持每年100%的成長	客戶跟公司一起成長
7	有非常專業的行銷團隊	專業的行銷支持，幫助客戶開發市場
8	幫助客戶做店面建設	提升店面形象，增加客流量
9	海（海報、會議行銷）、陸（業務團隊）、空（電視、電臺、報紙、網路、社群媒體等）立體全方位推廣	讓客戶強大發展

OOO 產品的優勢轉換成客戶的好處：

	優勢	給客戶帶來的好處
1	性價比最優	投資報酬率最高
2	保固期 18 個月（非營運車）	提高成交率
3	五大性能比普通電池提升30%以上	性能好，售後無憂
4	高級、大氣、高質感的包裝	能賣出高利潤
5	影視明星代言	提高品牌信任度，便於推薦介紹
6	多年良好口碑	增加客源，提高老客戶忠誠度

業務經理個人的優勢轉換成客戶的好處：

	優勢	給客戶帶來的好處
1	8 年銷售管理經驗	提升客戶公司化運作的能力
2	產業內有豐富的人脈資源	介紹生意，帶來客源
3	具備銷售輔導，開店指導能力	庫存管理，定期進行銷售人員的培訓，產品陳列
4	專業的產品知識	及時了解到市場信息，為客戶的售後排憂解難

當我們總結好了優勢，在探詢客戶需求的致命弱點時，銷售人員就盡可能地把客戶的需求引向自己公司、產品或服務的優勢上。這樣，客戶在做決策時，將會對自己有利。我們在「第四章 調頻同步」裡，還會繼續講述這個案例。

讓自己成為一個產品應用專家，而不僅僅是產品專家，是每一位銷售人員都應該對自己提出的要求。

四、
關注客戶需求，制定價值布局圖

　　客戶最關心什麼？當然是最關心自己的需求。而銷售人員也必須關注客戶的需求才能完成銷售，從我這些年的培訓經歷來看，所有成功的銷售都是基於客戶的需求，而大部分失敗的銷售基本上都是因為沒能滿足客戶的需求。

　　所以，在銷售時，我們要經常關注客戶的這幾個需求：客戶目前想要實現的目標是什麼？客戶的心理需求是什麼？客戶目前都在關心什麼？客戶目前遇到了什麼困難？我可以給客戶提供什麼幫助？

　　在這裡，我將會給銷售員推薦一個新的「利器」——基於客戶需求的價值布局圖，來幫助我們更好地發現客戶的需求，分析企業相對於其他競爭者在客戶關注要素上的優劣勢，並制定銷售策略。一幅完整的價值布局圖主要包括兩方面的內容：橫軸上面是客戶關注的一些要素，而縱軸則體現客戶滿意度的高度。當銷售員針對客戶的具體情況能夠完整地製作出這樣一幅圖時，我們就可以順勢推理出當前市場的競爭情況、競爭對手的投資方向以及客戶在相互競爭的商品中可以得到什麼樣的利益。

　　作為「城市轎車蓄電池領航品牌」的 OOO，之所以能夠在汽車蓄電池市場脫穎而出，取得傲人成績，其中一個非

常重要的原因就是 OOO 十分注重對於經銷商客戶價值布局
圖的透澈分析，分析了企業相對於其他競爭者在客戶關注要
素上的優劣勢，並制定了企業發展的策略。

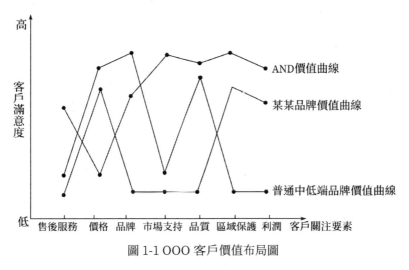

圖 1-1 OOO 客戶價值布局圖

透過這樣一幅清晰明了的客戶價值布局圖，我們首先可
以看到各品牌的策略：

某某品牌在「品牌」及「價格」上，客戶的滿意度很
高，它採用的策略就是「品牌影響力＋低價位＋中等品質」，
它透過大規模低成本來取得這個優勢，並設置了競爭門檻，
迅速搶占了中檔品牌的市場，成為市場占有率最高的品牌。

普通的中低端品牌在「價格」和「區域保護」上，客戶
滿意度較高，價格便宜是最大的優勢，因低質低價而陷入價
格戰的泥潭裡無法自拔，無長遠規劃，今朝有酒今朝醉。

　　OOO 了解了經銷商客戶最為簡單的一個需求：在一個區域裡，獨家經營一個好品質的產品，獲得商家支持，賺取更多的利潤。正是因為如此，OOO 的經營重心放在了幫助客戶賺取利潤、區域保護、提升品質、市場支持、提升品牌等能滿足客戶需求的經銷商客戶關注要素上，在其他較為不重要的要素上減少投入。

　　價值布局圖對於企業非常重要，而銷售員更是要據此進行更有針對性的銷售。銷售人員必須知道自己的優勢在哪裡，競爭對手的破綻在哪裡，用自己的強項去拚對手的弱項，從而能自覺地引導客戶看到這一點。關於「價值布局圖」，我們在「第三章挖掘致命弱點」中還會繼續探討它的妙用。

五、
有效的約見激發客戶興趣

　　銷售人員都會面對一個共同的難題：約不到客戶。看看某些辦公大樓前，赫然貼著「拒絕推銷」、「推銷員禁止入內」等告示，就知道大家對推銷員避之唯恐不及。為什麼呢？約不到客戶、銷售人員令某些人排斥，這是什麼原因造成的呢？

　　首先，客戶非常忙，公事私事等瑣事非常多，各種壓力也非常大，不願意被你打擾，更不願意被瓜分時間和精力。其次，客戶對你所銷售的產品不感興趣。但是，為什麼有些銷售員卻總是能夠約到客戶呢？是因為他們是談判高手嗎？還是因為他們更善於接近他人？都不是。是他們知道如何激起客戶的好奇心，以此來獲得客戶的時間和注意力。

　　我在《銷傲江湖》課程的研習會上問過學員們一個問題：「當你們接到約見的銷售電話時，你是怎麼想的？」大家總結歸納了這幾條：

　　A. 你是誰？

　　B. 你的動機是什麼？

　　C. 你要跟我談什麼？

　　D. 對我有什麼好處？

　　那麼你約見客戶之前，自己要把自己當客戶，問這些問

題，然後把這些問題回答一遍，設計好答案，就是「有效的約見理由」。有效的約見理由是打開銷售大門的鑰匙。沒有有效的約見理由，客戶對你提供的解決方案就沒有興趣。所以，要想辦法讓客戶對「你是誰」、「能為他們帶來什麼價值」感到好奇，從而獲得他們的時間和注意力。

首先我們要學會身分置換，站在客戶的角度來對客戶的心理進行揣摩，這樣得出的結果才會更加客觀，也更接近實際情況。因此，在問自己客戶見自己的理由的時候，我們也要從這方面入手，設計出客戶可能提出的問題，準備出自己足夠的理由。那麼，我們需要準備什麼問題呢？

1. 你是誰

我們可以用電話、簡訊、郵件、祕書轉達等方式約見客戶，無論用什麼方式，「對方是誰」是客戶關心的最基本的問題。當接到一個陌生電話時，客戶會感覺被「入侵」而內心充滿防衛，「對方是誰」成了客戶當時最關注的問題。合理地自我介紹，說明我是誰，恰是在關注客戶當下最關注的問題。這就要求在自我介紹時，一定根據客戶的需求，簡潔有力地進行有針對性的介紹，應該直截了當地介紹你自己和你的公司。

如果你想讓對方覺得你很熟悉，可以運用個人背書、關聯策略和從眾策略等來創造親切感，但是這個階段通常只能

持續 15 ～ 40 秒。

銷售人員：「王總您好，我是 JJ 諮詢公司的小寧。李先生跟您說過我要打電話給您了嗎？」

客戶：「嗯，說過。」

銷售人員：「李先生是我的一個好朋友，也是我的客戶。他對您很敬佩，還說您是我最應該結識的人。請問您有時間嗎？」

銷售人員很清楚第一印象有多重要，如果個人背書來源於一個可信的資源，多數客戶會給你一些時間，這種方式可以為你贏得信任，也可以使客戶產生興趣。

2. 我們為什麼要見面

在介紹你自己和你的公司之後，要讓客戶知道你為什麼要打電話以及為什麼要和他見面，但這並不是說要立即介紹你的產品特徵和好處。

但很多銷售員一打通電話就迫不及待地說：「我們有最好的產品，可以為您提供最好的服務，我們能夠為您提供最有價值的解決方案，能夠解決您的所有問題。」但這時客戶卻冷冰冰地說：「謝謝，我們不需要。」這就說明，你的這些約見理由無法引起客戶的興趣。

銷售員的一個恰當的拜訪理由能夠激發客戶的興趣，使他們繼續銷售過程。

　　再拿上面的例子來說，客戶聽了自我介紹之後，銷售員接著說道：「今天希望針對您公司的銷售培訓項目，就您關心的『提升銷售人員業績』做個交流。」

　　這句話，也已經很明確地指出了會面的目的。有很多銷售員在實際的情境中害怕遭到客戶的拒絕，反而會選擇對客戶先進行「隱瞞」，見到面之後再說出自己的見面目的。對於寸光寸金的客戶來說，反而會讓他們多了一份拒絕的理由；開門見山，反倒凸顯了我們的真誠。

3. 我們將要談什麼

　　接下來，要跟客戶說清楚這次拜訪怎麼進行，溝通過程安排是什麼樣的，包括我們將要談哪些方面，以及採取什麼樣的方式談。

　　繼續上面的案例，銷售員：「主要想聽聽您現在銷售團隊遇到的問題有哪些，如何才能有效地解決這些問題，以及需要我們怎麼配合您。」

4. 我們的會面對客戶有什麼價值

　　約見客戶的時候，必須把這次見面的理由準確地表達出來，並且要清晰、簡潔、完整，而且最好說明見面對客戶自己有什麼好處，這是最能夠打動客戶的。客戶見我們的理由，與客戶的需求和個人利益相關，而且要達到雙贏的目的。

繼續上面的案例，銷售員：「這樣既能讓您有效地提升銷售業績，也能讓我們有所準備。」

在約見客戶之前怎麼做好功課？不妨列出一份問題清單。清單的內容包括：潛在客戶公司的產業排名、財政實力、執行主管及其背景、產業趨勢、競爭同行和客戶基礎等。按照清單的內容去收集訊息，了解客戶的需求。

看看下面這兩位銷售人員是如何在約見客戶之前就做足功課，捕捉到客戶的需求的。

某地社會局新成立了一家養老院。這一普通的事件引起了銷售人員小陳的注意，他認為這個養老院一定會有新的需求。果然，他了解到，將近春節了，養老院院長準備採購一些物品，贈給區域內沒有在養老院住宿的老人。但那些住在養老院的老人們就沒有物品贈送嗎？小陳連忙打電話詢問。但得到的回答是，養老院暫時沒有在春節給住宿老人發放物品的計畫。

但小陳覺得這裡面不是沒有文章可做。他首先考慮公司是否有價格低廉或品種新穎的產品，因為這樣的產品更容易得到養老院的青睞，但發現公司沒有這樣的產品。怎樣才能贏得養老院的生意呢？

小陳忽然想起來：公司正在籌辦春節聯歡晚會，如果能夠把晚會地點放在養老院，不僅可以使公司節省場地費，也

能給養老院的老人帶來春節的喜慶。小陳馬上與養老院聯繫，表達了這個想法。養老院院長自然答應了這個要求。

然後，小陳又把這個消息告訴了各大新聞媒體。晚會當晚，公司名稱和養老院老人們的笑臉同時出現在電視上，次日又被刊登在報紙上。公司得到了宣傳，而小陳也拿到了養老院的贈品訂單。

小陳是如何拿到銷售訂單的？不是透過低價，也不是透過其他非正當競爭手段，而是捕捉到了客戶的需求。滿足客戶的需求並加以引導，才能真正地打動客戶。

李先生是一家大公司的採購負責人，和他接觸過的銷售人員都知道，從他手裡拿到銷售訂單不容易，因為這個人鐵面無私，脾氣又特暴。

但大家卻發現，有一名銷售人員卻幾乎拿到了這家公司的所有訂單。這個銷售人員用了什麼特殊的方法呢？經過了解後才知道，李先生有一個特殊的個人愛好 —— 打撞球。這位銷售人員偶爾得知了這個訊息後，就苦練打撞球，然後邀請李先生一起玩，兩個人因為有了共同的興趣成了朋友。這位銷售人員近水樓臺先得月，輕鬆拿到了所有的訂單。

這兩位銷售人員都在和客戶談訂單之前就做了充足的準備，利用各種途徑獲取訊息，並挖掘出客戶的需求，這是他們銷售成功的關鍵。

六、
相信自己才能銷傲江湖

在古代的戰場上，有這麼一對父子。父親是將軍，兒子只是一名普通的士兵。在一次戰役前，父親拿著一個箭囊，裡面插著一支箭，鄭重地對兒子說：「這是我們家祖傳的寶箭，力量無窮，我一直帶在身邊，今天我把它交給你保管，希望這支寶箭能助你征戰沙場。但你記住，這支箭任何情況下都不能抽出來。」

兒子接過箭囊，這個箭囊非常漂亮，是用厚牛皮做成的，鑲著幽幽泛光的銅邊，箭尾更是漂亮，是用上等的孔雀羽毛做成的。

兒子拿著這個箭囊喜不自勝，父親不讓他抽開箭，他只有想像著箭桿、箭頭的樣子，耳旁似乎有颼颼的箭聲呼嘯而過，眼前彷彿看到了敵人被他射中落馬而死的慘狀。在這種想像中，他上了戰場。但今日的他和平時完全不一樣，英勇非凡，所向披靡。

眼看戰爭就要結束了，鳴金收兵的號角即將吹響，兒子難言激動的心情，他想起了背上的箭囊，忘記了父親的叮囑，他抽出了寶箭，突然驚呆了。這是一支斷箭，箭囊裡裝著一支折斷的箭。

原來，我一直背著一支斷箭在打仗！兒子嚇出了一身冷汗，他的豪情一下子消失了，隨之而來的是一陣惶恐，就在這時，敵方軍隊的一支箭向他射過來。

父親抱著他的身體，望著那支斷箭，沉重地說：「害了你的不是這支斷箭，是你自己的信心。」

這位兒子為何能在戰場上所向披靡？因為箭囊帶給他自信。又為何最終在戰場上失去了生命，因為斷箭使他失去了自信。對於我們銷售人員來說，也可以借用這個道理，不相信自己，便無法闖蕩出自己的銷售市場，便無法最終笑傲江湖。

在我的培訓課堂上，我曾經這樣給大家培訓自信：我讓一個學員拿 50 元，跟教室裡的某個人換 100 元，然而沒有一個人願意跟他換。我問他：「你現在的感覺是什麼？」他說：「我現在是一個乞丐，在跟別人乞討。」我又讓他拿出 100 元，去跟別人換 50 元，這時，不用他去求別人，大家爭先恐後地跟他換，我問他：「這個時候的心情怎麼樣？」他說：「我感覺自己在發錢，非常自信。」

學員們透過這個簡單的演示明白了：銷傲江湖的祕笈之一就是相信自己，就是要有自信的心態，相信自己的產品有價值。你相信自己的產品值 100 元，你才能真正以 100 元的價格推銷出去。如果你自己都覺得它值不了那麼多錢，那麼

你在銷售時就是「拿 50 元跟別人換 100 元」的乞討心態，這種心態就是「無價值」心態，這種心態也會讓客戶不相信你產品的價值。

　　想讓自己的產品有價值，想帶給客戶價值，首先要讓自己成為一個有價值的人，價值就來自於你的內心，成為一個有自信的人，然後才能成為一個銷傲江湖的高手。

　　所以，在每次拜訪客戶之前，先給自己打氣：我是來幫客戶解決問題的，我是來幫客戶創造價值的！帶著這種自信的心態，你一定會笑傲銷售江湖！

第二章

以情動人 —— 打通情感的任督二脈

真正的銷售是一件互利雙贏的事情，只有真正地給予，我們也才會收穫更多！在和客戶的交流過程中，我們必須懷著一顆感恩的心真誠以待，同時用自己的讚美來給予客戶最誠摯的認可，在客戶和我們之間建立一個良好的溝通平臺，客戶和我們的關係才能越來越融洽。同時，我們還要學會一些實用的技巧，比如如何尋找客戶最感興趣的話題，如何透過合適的肢體動作表達你對客戶的尊重，如何在潛意識層面影響客戶對你的印象，等等，以此打通客戶情感的「任督二脈」。

一、

如何點燃你的氣場

人際交往中，越是氣場大的人，越容易順暢地跟他人交流，也更容易達到溝通的目的。同樣，在銷售情境中，氣場也發揮著不可替代的作用！很多學員也總問我，究竟什麼是氣場？它和氣質到底有什麼區別？

我們首先要區分氣場和氣質的概念。氣質是一個人內在涵養的悄然流露，氣場雖與此有所關聯，卻比後者更為豐富立體，有著懾人心魄的力量！其次，氣場也不是氣勢，比如剛踏入社會的學子們，雖然沒有豐富的社會經驗，但良好的氣場卻可以讓別人不自覺地信服你。那麼，到底什麼才是氣場？

簡而言之，個人氣場指一個人的性格、言行舉止而形成的個人魅力，帶有很強的個性化因素。什麼樣的氣場才能帶來成功？如何打造屬於自己的氣場呢？這雖然並不簡單，但也絕不是什麼天大的祕密。

1. 氣場就是你的內在力量

一個人的內心有多強大，他所嚮往和搭建的舞臺就有多廣闊。我們每個人先天擁有的東西不一樣，有的人生來貌美、聰明，有的人卻天生相貌平平、資質平庸。然而，與生而來的財富只是人生的一小部分，更多則是後天培養的內心

力量。跟商品不一樣，內心的力量沒法用貨幣來衡量，但是當內心的力量被啟動、被激發的時候，一股不可阻擋的氣場就洋溢出來了。

一個堅信自己的努力會得到成果的人、一個面對挫折卻能想到雨後彩虹的人、一個不管經歷多少磨難都能堅持到最後的人，他的內心力量必然是強大的，而且這種強大的內心力量不會因為任何危機的到來而貶值，不會因為年紀的增長而虛弱，不會因為社會地位的卑微而渺小。擁有這樣氣場的人，哪怕今天還只是草根，卻更有可能在明天成為人群中的一顆璀璨明星！

那麼，引申到銷售行業，我又會對您說些什麼呢？

當我們因為客戶的一次拒絕而耿耿於懷，甚至就此而不再做銷售員的時候，我們就失去了內心的這股力量，自然氣場也就弱了下來。要想讓自己翻盤，我們就要先從內心的這股力量入手。

2. 氣場將成為你的精神名片

一個銷售員的精氣神，將會直接影響到客戶對其的印象。

我們每個人既是物質的，也是精神的。我們的肉體、穿著、佩戴、居所都是物質的，看得見也能摸得著；我們的心情、態度、信念、勇氣則是精神的，摸不著看不見，也無法具體衡量。

　　每個人既有自己的物質名片，也有自己的精神名片。與其送出一張印製精美、堆砌著眾多華麗頭銜的物質名片，不如強大自己的內心力量，打造一張屬於自己的精神名片。下面我給大家介紹三種方法，來幫助大家點燃自己的銷售氣場。

　　第一，做正能量發光體。

　　一位射擊類女性運動員獲得了女子 10 公尺空氣手槍冠軍。但在比賽的上半場，她的成績一直落後，下半場狀態卻突然改變了，發揮極其出色而穩定，最終一舉奪魁。

　　賽後，記者問她：「為何在後半場妳發揮那麼好？」

　　她說：「因為我問了教練兩個問題。我問他我上半場打得怎麼樣？他說：『比我想像的要好！』我又問他下半場我還有什麼不足的地方要注意。他說：『妳不用想妳還有什麼不足，妳只要想妳還有哪些優勢沒有發揮。』」

　　教練的兩句話有什麼玄機？就是正能量！肯定選手，讓她看到自己身上好的一面，給她希望，用充滿正能量的語言讓她身上散發出正能量，這在關鍵的時候特別重要。因為一個身上充滿正能量的人，就像宇宙中的發光體，散發出的能量能溫暖他人，能震懾對手，更能使自己贏得比賽。

　　所以，每一個銷售人員也要做一個正能量的發光體，正能量能形成你的氣場，有氣場的人永遠把焦點放在正面。例

如，被客戶拒絕，你要這樣想：「失敗是成功之母！只要我不放棄，訂單就會是我的，我需要從哪些方面努力才能贏得訂單呢？」對自己做積極的暗示或明示，正能量就會充斥你的全身，那麼你的氣場就會非常強大，你的銷售之路也會因為你強大的氣場而順暢許多。

第二，放大自己的格局。

有一個農村的孩子，他小時候性格內向，有點自卑、害羞、不愛說話，是一個連在公車上喊司機停車也害羞的人。大學畢業後，為了戰勝自己的弱點，他做起了銷售工作，他夢想成為超級業務員，每天風吹日晒、四處奔波，厚著臉皮、磨破嘴皮推銷產品。因為每天都要走路，一年下來，穿破了好幾雙皮鞋。記不清，看過了多少個冷漠的眼神，聽過了多少聲刺耳的嘲笑，經歷過多少回心靈的痛苦掙扎。

有一次，有一個顧客當著他的面撕掉他的名片，扔掉他的產品，而且罵他是騙子，甚至要去找警察，那一瞬間，他的眼淚流了下來。他衝出了顧客的辦公室，走出了大門口，看著藍天看著遠方，看著這裡的樓房，這裡的汽車，他在想：這裡的成功人士有那麼多，為什麼就不是我？難道他們天生成功嗎？我一定要透過自己的努力，擁有自己的一片天，擁有自己的一片地。今天，我會因為一個顧客的侮辱而放棄我的夢想嗎？他立刻又回到了那個顧客的辦公室，平靜地對他

　　說：「先生，剛才您撕掉的不是一張名片，而是一個年輕人的夢想！」那個顧客被他的氣場震撼了！立刻賠禮道歉。

　　我要告訴大家的是：如果你擁有一個偉大的夢想，無論是誰潑你冷水，無論是什麼事阻礙你，千萬，千萬，千萬不要讓別人偷走你的夢想！

　　三年後，這個年輕人，透過自己的刻苦努力和練習，成為一家銷售公司的行銷總監。

　　在他前進的路上，並非是一帆風順的，在一次銷售會議上，他做了他人生中的第一次演講，你們覺得，一個害怕當眾發言的人，第一次面對 100 多人的場面，他會不會緊張？他兩腿發抖，全身直冒冷汗，他感覺自己的心臟都快跳出來了，他結結巴巴地講了 20 分鐘，聽著臺下的一片嘲笑聲，他恨不得找個地縫鑽進去。

　　面對失敗，有兩種選擇，要麼是一蹶不振，從此，一輩子再也不敢上臺了；要麼就是把絆腳石當作墊腳石，愈挫愈勇，屢敗屢戰。幸運的是，他是後一種人。

　　那次失敗的演講激發了他的動力。只要一有空他的嘴就在不停地活動著，他的手就在不斷地比劃著。他苦練演講真功夫，夢想成為超級演說家。為了給自己創造一個舞臺，他主動跟公司申請，為公司的員工做一場演講培訓，經過緊張的準備、反覆的練習，一個極度不善言辭的人實現了「一步

登天」的超越，成為一個演講者，他的人生從此改變！他瘋狂地愛上了學習，愛上了培訓行業，10 年的時間，無數次演講培訓，他的心靈力量不斷地壯大，他的經驗不斷地累積，他的夢想不斷地放大。

故事中的那個年輕人就是曾經的我，每次巡迴勵志演講會上，我都會用自己的這個故事開始，分享銷售人生路上的酸甜苦辣，放大同學們的夢想和格局。

格局對一個人來說非常重要，他是一個人氣場的一部分。格局不夠大，就算你把他推上王位，他也不敢稱皇帝。大格局方有大境界，才能容納更多的東西，才能忽略一些雞毛蒜皮的小事。銷售人員如果有了大的格局，就更容易吸收有益的東西，也更容易樹立更大的目標，做起事情來會更有魄力，而這些都會使你的氣場越來越強大。

銷售人員一定要樹立大格局，如果你的格局是一流，那麼你最後達到的銷售成績可能只是中流；如果你的格局只是中流，那麼最後你達到的銷售成績只會是末流；如果你的格局只是末流，那麼最後你可能任何銷售成績都沒有。銷售人員的發展往往受格局的限制。

什麼是格局？格局是一個人對自己人生座標的定位，就是你要成為什麼樣的人。所以今天你是誰並不重要，未來你想要成為誰才是最重要的。今天你是江湖中的無名小輩並不

重要，重要的是未來的日子裡，你能不能成為銷傲江湖的銷售高手；今天你痛苦了、失敗了也不重要，重要的是未來的日子裡，你能夠快樂和成功，那才是最重要的。

有大格局的人，自然就會擁有一種開闊的精神氣象，這就是成功者的氣場。久而久之，客戶也會被你這種強大的氣場而感染、帶動，甚至主動為你提供幫助！大格局能為你開拓出銷售的大舞臺，能讓你每天的銷售業績都不斷攀升，而你銷傲江湖的夢想將不再是夢想。

第三，找到自己的原點。

天王巨星周杰倫，小時候他在別人的眼裡不是個聰明的孩子。但他媽媽卻留意到他與眾不同的地方，這個安靜害羞的孩子只要聽到她放的是西洋流行音樂，就會異常興奮。於是媽媽送他去學鋼琴，他對鋼琴的喜愛就像小孩專注於冰淇淋一樣。

長大後，他進入流行音樂界，依然不被別人認同。他寫了很多歌，但卻沒有人喜歡，他只好自己拿來唱，沒想到卻一炮走紅。

大家問周杰倫：「你受歡迎的原因是什麼？」他說：「找到自己與眾不同的地方，然後把它放大！」

其實，周杰倫不過是找到了人生的原點。什麼是人生的原點？即你有的，別人沒有。在這個缺少個性、缺少價值觀

的時代，我們首先要愛自己，找到自己的原點，沿著自己選擇的路，無怨無悔走下去，讓自己成為一個有個性、有血有肉的人！

具有獨特個性的人才能擁有自己的氣場，找到自己原點的人才能找到自己的氣場，具有強大氣場的人才能自由馳騁在銷售江湖中。

做正能量發光體，放大自己的格局並找到自己的原點，你一定能點燃自己的氣場！當然，還有更多的方法來提升氣場，比如針對每類人、每種場合專門制定一個開場白和自我介紹，釋放自己的氣場，並更好地適應不同人的節奏。

下面我用「理解層次」做自我介紹，讓別人對我的氣場有更深的認知和了解。

我叫柯勝威，出生在農村，喜歡大自然，常年奔走全國各地。（環境）

我做培訓，主要做兩件事，第一件事：整合學問為個人和企業做培訓，幫助個人學習成長和企業提升業績。第二件事：尋找優秀老師把他推向市場，讓更多人接受有用的學問。（行為）

我有什麼能力呢？我覺得我的能力不是我有很多才華，或讀了很多書，而是我的努力和堅持，我認定的事，我就會堅持去做。我一直堅持幫助企業提升業績，讓企業老闆身心

解放；幫助個人學習成長，讓人生活得更幸福。（能力）

我堅定地相信，我能幫到我的客戶，很多老朋友見到我，跟我說：「上了你的課，我的生命又發生了很大的改變。」這是我最欣慰的事。有一個賣汽車配件的客戶說：「以前我的家庭、生活、生意一團糟，上了你的課之後，生意越做越大，反而更輕鬆了。以前一年做 30 萬元，從早忙到晚，現在做 3,000 萬元。」他覺得這些學問太有用了！我相信這些學問同樣會幫到你們，讓你們的未來更美好！（信念）

我是一個智慧思想的搬運工，把傳統文化和大師的智慧，透過我，傳播給更多人。（身分）

我的使命是把傳統文化和大師的智慧傳播給更多人，讓更多人受益。

這就是我。

透過這樣一個理解層次的自我介紹，你是不是對我多了一分了解，感覺我們的距離更近了？我的氣場在這個介紹之中表露無遺。這是很有威力的一個工具，所以你也試著用「理解層次」做一個 5 分鐘的自我介紹。

二、
與客戶的會面如何「開場」大吉

還記得你用什麼理由約見客戶嗎？客戶之所以同意見面，是因為你的約見理由打動了他，那麼開場的溝通，就要跟你的約見理由很好地對應起來。如果你的開場白和那個約見理由脫節了，客戶就會有被騙的感覺，他會想：又遇到一個推銷的騙子。

其實，一個好的開場具備三個步驟：①問候與自我介紹；②會談目的及議程；③確認興趣度。這三個步驟與「有效約見理由」是一致的，你可以在推動會談進程的同時，輕而易舉地轉入提問階段，並讓潛在客戶慢慢打開心扉。

1. 問候與自我介紹

開場要有氣場，第一聲問候要自然顯現出陽光、微笑的狀態，和我們唱歌一樣，第一個音階很關鍵，我們平時說話都是用「fa」音階來對話，如果用比「fa」更低的音階來說話給人的感覺會很陰沉。如果用比「fa」高的「so」音階來說話，會顯得更加自信、更加有激情。

銷售員：「王總您好！（「so」音階，停頓、熱情，表示尊重）我是 JJ 諮詢公司的行銷顧問小寧。」（再次停頓，引起注意，讓他有所回應）

等對方有所回應，立即轉入自我介紹。自我介紹越短越好，最好不要超過 60 秒，用最精錬的語言做一個相關情況的簡要報告，只有在最短的時間吸引到客戶的興趣才能使銷售繼續下去。

具體怎樣做：①先簡要描述本公司的業務，特別是那些能夠引起潛在客戶興趣的特別業務。②跟他講一個發生在你最近的一位客戶身上的成功故事，這個故事要能引發客戶情感上的共鳴。所以，故事一定要和你的產品或服務有關係，最好是有具體的數字，比如帶來了多少收益、比例或數字成長等。

故事要超級具體，模糊是沒有效果的，比如：「提高你的銷售業績」和「10 個技巧今天上午學了，下午就能提高你的銷售業績」，很顯然第二種說法更有說服力。數字的單位精準度高的比精準度低的更可信，比如「OOO 蓄電池保固期長達 1 年半」，意思相同，換成精準度更高的單位，「OOO 電池充放及啟動次數超過 5,000 次，保固期長達 18 個月」，更容易讓人相信。（關於「講故事」，第五章會繼續介紹。）

請看下面的例子：

銷售員：「JJ 諮詢公司是一家專注『提升業績』的培訓公司，我們的目標是幫助企業提升業績。我們近期和 ×× 客戶合作。這家公司在醫療各行業（選擇和潛在客戶所處行

業相同或相似的行業）享有盛譽。這家公司的新產品因為投放市場的銷售週期過長，於是向我們公司尋求解決方案。我們為該公司量身定製了一個銷售方案和系統培訓，6 個月之後，該公司已經將銷售週期縮短到之前的 50%，還增加了超過 1,000 萬元的收益。」

銷售員：「達美航空公司、奇異公司、康柏公司、可口可樂公司、西屋電氣公司等公司都使用過我們的產品。5 月 1 日，我們將舉辦一個研討會來分享我們是如何幫助他們解決貴公司也面臨到的類似問題。」人都有從眾心理，因此，銷售員在做開場白時不妨利用從眾策略（第五章詳細講解），這可以使客戶心中感到溫暖，迅速建立起對銷售員的信任。

你也可以透過向客戶介紹產品或服務的價值來使拜訪變得溫暖起來。在拜訪之初，你不可能提出太多問題，但是你可以舉出一些吸引人的價值，來了解客戶是否想知道更多。

銷售員：「您想知道削減成本之後有什麼樣的收益嗎？如果我們能增加您 45% 的投資回報，您對我們新產品還會沒有興趣嗎？」

銷售員：「我們將在合理的時間內為您解決問題，哪怕是你們最棘手的網路難題，我們也將免費為您解決。」

但在做這樣的自我介紹時要注意一點，不要讓客戶感覺你是在炫耀或者賣弄，一定要避免使用這樣的字眼「這些我

都做過，我都懂」、「這點問題對我們公司來說是小菜一碟，根本算不了什麼」，而是要把客戶的感受放在首位，要講自己的經驗或成功案例能給客戶帶來什麼幫助和好處。

2. 會談目的及價值

銷售人員與客戶的會談一定是帶著目的性的，並能夠給雙方特別是客戶帶來某種價值的。在會談的開始就要向客戶說明：這次會談需要多少時間，會談將會給客戶帶來什麼。如果對客戶公司或所屬產業進行過一些調查，最好把調查結果、自己的意圖和客戶感興趣的點結合在一起談，效果會更好。

請看下面幾個例子：

銷售員：「當然，我們的培訓課程是否真的能幫助到您，目前還不得而知。不過，如果您認為可以的話，我想利用半小時和您溝通一下如何更好地提升業務團隊的銷售技能，以便對您的目標有更好的了解，讓您的銷售業績有更大的提升。」

銷售員：「我今天來的原因是我注意到了市場的最新變化，這些變化還帶來了寶貴的機遇，我們認為您有必要了解一下。」

銷售員：「我們銷售蓄電池，然而我今天來的目的並不是要勸您購買，我只是想了解一下貴公司如何運作，我們還可以討論一下其他公司是怎麼做的。」

銷售員：「首先，感謝您抽出寶貴的時間與我見面，我可能要打擾您半個小時。如果您願意和我討論一下貴公司的發展目標以及這對於數據儲存的影響，那麼我很願意與您分享跟我們有合作關係的其他公司都採用了什麼樣的方法和措施，這些對貴公司的發展很可能會有用。」

一定要在開場就讓客戶感到這次會談是能給他帶來「價值」的，那麼他就會在不知不覺間成為你的潛在客戶。

3. 確認興趣度

在與客戶會談之前一定要確認一些問題：會談是不是按原計畫進行，客戶是不是有時間，客戶對會談是否有興趣，等等。在會談前要問客戶這樣幾個問題：「您看方便嗎？」、「您覺得可以嗎？」、「您有時間嗎？」客戶如果狀態很好並願意配合，溝通效果才有可能會好。

所以開場白往往從確認興趣度開始。

也許你擔心這樣的詢問會讓客戶拒絕，但實際上這是一個策略性的提問。如果客戶拒絕了你，你可以接著問：「我什麼時候來合適呀？」如果客戶真的是你的潛在客戶，他一定會和你另約時間，你就可以此來判斷客戶是否真的想和你會談。

確認客戶的興趣度會讓客戶感覺受到了尊重和重視，也能讓自己更安全，這會讓我們踩著基石過河，而不是像摸著石頭過河一樣盲目。

三種開場白舉例：

攻潛在客戶開場白：「李老闆您好！我是 OOO 的銷售代表 ×××。我今天來，主要是了解一下您的業務，同時介紹 OOO 的產品和服務。希望透過今天的溝通，可以給您提供更多的選擇，這樣可以幫助您更好地留住客戶。您覺得好嗎？」

守老客戶開場白：「李總，您好！您上個月蓄電池的銷售業績非常好，恭喜您！我這一次來是想藉著您高漲的銷售業績的東風，來談一下下個月我們公司即將舉行的促銷活動。相信這個活動能在您現有的基礎上，進一步地擴大您的銷量，幫您拓展更廣闊的市場。您覺得怎麼樣？」

挖老客戶潛力開場白：「感謝王總在百忙之中能夠和我見面！我今天來，主要是與您一起回顧一下我們上個月在產品銷售和管道拓展上的一些情況。您上個月在擴展銷售管道方面做得非常出色，我們公司的銷售經理都給予了極高的評價。不知道您在擴大銷售產品種類方面有沒有意願？我可以根據實際情況回去申請爭取支持資源。您覺得可以嗎？」

三、
打開五感，尋找客戶最感興趣的話題

和朋友在一起，可以輕鬆地聊上一兩個小時，但是面對剛剛交換完名片的客戶，卻不知從何說起。很多人沒話找話，東拉西扯，讓人感覺很鬱悶。這個時候需要一些暖場的話題打開局面，營造一種融洽的氛圍。

銷售員要善於創造好的銷售氛圍，帶動客戶有一個好的情緒，可以先問客戶一些非工作方面的事情，讓對方感到愉快，然後再說工作、談銷售。銷售人員必須是一個談話高手，隨時隨地都能信手拈來找到話題，怎麼做呢？在此介紹一個暖場利器：打開五感＋用開放式問題＋尋找客戶感興趣的話題。

1. 打開五感

人有五感：視覺、聽覺、味覺、嗅覺、觸覺，我們平時都是運用這些來感知我們周圍的一些變化，五感傳達給我們的訊息往往也就是我們最真實的感受，這些感受都可以成為我們和客戶之間的暖場話題。原生態的話最能打動人。

所以，想要做到以情動人 —— 打通客戶情感的任督二脈，就要隨時隨地打開我們的「五感」。這並不難做到，只要你有意識地去練習，你的五感就可以更加敏銳。例如，有

一天你去拜訪客戶，天氣非常熱，你如何跟客戶寒暄呢？別直接用「熱」這個字眼，而是要打開你的五感，全身心地體驗你所描述的對象：「馬路上一個人都沒有，像是在冒熱氣，能把雞蛋蒸熟了一樣。知了叫個不停，牠們也想跳到大海裡洗個澡。」這樣的描述一定瞬間就感染了客戶，由此打開與客戶之間的話匣子。

2. 用開放式問題

我們說話是為了把客戶的心門打開，如何讓客戶慢慢地向我們敞開心扉呢？有句話叫做「口乃心之門戶」，口動心開，如果客戶能開口，他的心門就慢慢打開了。所以，我們要把話題變成開放式的問句拋給客戶，讓他開口說話，這樣才能互動起來。例如：客戶的公司鳥語花香、綠樹成蔭，你讚嘆道：「您的公司環境幽雅，在這裡工作真是一種享受啊！」客戶聽了會呵呵一樂就完事了，如果你把這句話轉換成問句：「您的公司環境幽雅，請問您當時為什麼選擇在這麼好的環境開公司呢？」透過這個問句，可能就會讓客戶談起自己很感興趣的話題。

3. 尋找客戶感興趣的話題

溝通的效果取決於對方的回應，怎麼能讓對方感覺更好，對你的話題有所回應呢？

戰國時期，秦趙兩國交兵，趙國三個城池很快成為秦國囊中之物，無奈，趙國向齊國搬救兵，但齊國卻提出條件，要趙太后最疼愛的小兒子長安君作人質。趙國大臣輪番以國家大局為由請趙太后允許，太后均不為所動。最後，觸龍出面，他沒有說國家利益那些大口號，而是勸說太后為長安君的今後長遠利益著想。讓長安君去當人質，不僅僅是為國家效力，更是為長安君日後能在趙國立足、立下功勞，如此一說，太后果然應允。

為何觸龍的勸說有效果呢？因為他知道太后的關注點是什麼，知道太后對什麼感興趣，太后只對自己和兒子的根本利益感興趣，從這點出發才能說服太后。銷售人員從這個故事中可以感悟到這一點，要尋找客戶感興趣的話題，才能打通客戶情感的任督二脈。

所以，在與客戶溝通時，要留心觀察客戶對什麼感興趣，客戶辦公室裡的裝飾、植物、球拍、書、穿戴，都能成為談話的理由。客戶用了心的事情，一定會非常願意和你聊。

銷售員在客戶的辦公桌上發現了很多的汽車模型。銷售員揣測，客戶一定是一個汽車愛好者！聯想到自己在網上查看的一些知識，這名銷售員隨即說道：「最近針對網上熱議的 ×× 車型，您是怎麼看的？」聽到了自己感興趣的話題，

客戶的精神馬上抖擻起來，如數家珍地盤點起了年度熱議車型。最後利用汽車這個話題，銷售員很輕易地問到了汽車蓄電池的市場，得到了自己想要的訊息。

看到客戶辦公室的牆壁上有一幅畫，你可以問：「剛才我注意到您辦公室牆上掛的這幅畫大氣磅礴，想必您對字畫也有一定的研究，不知這是誰的墨寶？」

到客戶家裡拜訪的時候，聞到了油漆的味道，我們可以說：「您家裡最近是不是在裝修？進行得怎麼樣了？」

「一走進您的公司門口，就聞到了桂花的香味，公司門口的桂花樹有多少年了？」

「您今天泡的茶清香四溢，讓人回味無窮，您對茶一定很有研究，您平時喜歡喝什麼茶？」

客戶的孩子正準備考大學，我們可以問：「您的孩子今年參加學測，準備得怎麼樣了？」

這類話題一般客戶都不會反感，甚至非常願意和你聊。除此之外，客戶的工作成就、業績特長，還有就是客戶關心的新聞、當下的一些焦點話題等，都可以作為暖場的話題。

一位太太做了個新髮型，希望給老公一個驚喜，敲門後老公開了門，但沒有任何反應，反而抱怨道：「有鑰匙為什麼不自己開門？」太太非常失望，但又不甘心，於是在打遊戲的老公面前晃來晃去，老公不滿地說：「別晃來晃去的！」

老婆只好含情脈脈地問他：「我的新髮型怎麼樣啊？」老公這才看了她一眼，問道：「多少錢？」老婆這下徹底絕望：「250！」

這位老公如果去做銷售，能把握到機會嗎？所以我們做銷售的一定要留心觀察當下，留心客戶的興趣點。下面，我具體介紹幾種幫助銷售員尋找客戶最感興趣的話題的方式：

- ⊙ 客戶的工作，比如，客戶在工作上曾經取得的成就或將來的美好前途等。
- ⊙ 客戶的身體，比如，提醒客戶注意自己和家人身體的保養等。
- ⊙ 客戶的孩子或父母的訊息，比如，孩子今年多大了、上學的情況、父母的身體是否健康等。
- ⊙ 談論時下大眾比較關心的焦點問題，比如，房產是否漲價、如何節約能源等。
- ⊙ 提起客戶的主要愛好，比如，客戶的體育運動、娛樂休閒方式等。
- ⊙ 和客戶一起懷舊，比如，提起客戶的故鄉或者最令其回味的往事等。
- ⊙ 談論時事新聞，比如，每天早上迅速瀏覽一遍報紙，等與客戶溝通的時候首先把剛剛透過報紙了解到的重大新聞拿來與客戶談論。

這些方法，都曾在我的職場生涯中屢試不爽。透過以上這些內容的介紹，你會發現：其實想要尋找客戶非常感興趣的話題並不困難，銷售員完全可以透過巧妙的詢問和認真的觀察與分析進行了解，然後引入共同的話題。

同時，在與客戶進行溝通之前，銷售人員非常有必要花費一定的時間和精力對客戶的特殊喜好和品味等進行研究。此外，平時要多培養一些興趣，多累積一些各方面的知識，至少應該培養一些比較符合大眾口味的興趣，比如體育運動和一些積極的娛樂方式等。這樣，等到與客戶溝通時就不至於捉襟見肘，也不至於使客戶感到與你的溝通寡淡無味了。

最後再介紹一種方法，「使用狡猾否定，命中對方心思」。這個技巧的重點在於使用「否定疑問句」，不論有沒有猜中對方的真實狀況，都可以順著對方的話說下去。

例如，針對客戶公司正感到困擾的事情發問，如果猜中了，對話就可以像這樣繼續下去：

銷售員：「王經理啊，您是不是正為了員工缺乏幹勁而困擾呢？」

王經理：「是啊，最近各級主管的管理都有些放鬆，上上下下幹勁都不足啊！」

銷售員：「我猜得果然沒錯。剛好我這裡有一個《激發員工潛能》的培訓，您要不要聽聽看呢？」

如果萬一沒猜中，也可以用「否定疑問句」順勢繼續話題，問出客戶的真正需求：

銷售員：「王經理，您是不是正為了員工缺乏幹勁而困擾呢？」

王經理：「讓我困擾的不是這個問題，而是人手不夠啊。」

銷售員：「看來我猜得沒錯，貴公司的員工對工作都是全心全力，但是如果人手不夠，長期下去，就會影響員工的士氣。剛好本公司有個《人才應徵》的課程，您可以了解一下啊。」

銷售人員要學會尋找客戶最感興趣的話題，創造一個良好的談話氛圍，為接下來的銷售做好暖場。

當然，這些客套和寒暄不是每次拜訪都要使用的，要根據具體場景和情況而定。只要能讓雙方感覺更舒服，讓氣氛更融洽，能夠拉近雙方的心理距離，都可以酌情使用。客戶只有對我們的話題感興趣，我們才能打通客戶情感的任督二脈。

四、
練好提問基本功，走遍天下都不怕

我的一位學員跟我分享過他有一次拜訪客戶的經歷：

那次他去拜訪一個大客戶。進入客戶的辦公室，他就驚呆了，裝修相當考究，牆上是名貴的紅木護牆板，掛著珍貴的油畫作品，擺著名家設計的家具，這位客戶相當有品味，對生活也相當有講究。他看到這些，突然緊張起來，但客戶卻相當放鬆，和他分享起自己的興趣、愛好和經歷來。他認為這是打開客戶話匣子、走近客戶的好時機，連忙和客戶聊起來。

他們一連聊了好幾個小時，客戶說得很高興，他也聽得很用心，一直到工作人員打斷了他們的談話：「經理，開會的時間到了。」

他這才醒悟，雙方的合作還隻字未提，甚至沒有說到一點公司的需求和他能夠提供的價值。這位客戶向他敞開了心扉，他卻沒能把會談引到他想要去的方向。

這位學員的經歷告訴我們：閒聊聊得再好，也不是我們要的效果。我們知道讓客戶開口說話很重要，閒聊性質的談話固然對活躍氣氛有所幫助，但是卻不如正式談話那麼有價值。那麼如何從閒聊中，迅速切入你想說的話呢？舉個例子，你是賣汽車的，你的客戶是開餐廳的，他談起自己的生

意和愛好，滔滔不絕，你想談你的事情根本插不進去，怎麼辦呢？你就要用提問的方式，切入進去。

銷售員：「你的生意這麼好啊，我可以問一個問題嗎？」

客戶：「可以。」

銷售員：「你們每天都要進貨嗎？」

客戶：「是啊！」

銷售員：「你們用什麼進貨呢？」

客戶：「麵包車啊。」

這個時候你就自然而然地切入了你想要的話題。

控制談話的方向，用的就是「提問」，在這裡，我將傳授在銷售中非常實用的「利器」 —— 八種提問的方式。它是提問的基本功，運用好了這八種方法，你就像拿著遙控器一樣可以上下左右地控制談話方向了，讓你的銷售無懈可擊！

1. 封閉式問題

封閉式問題是指答案範圍較小，回答的內容有一定的限制，提問時有一個框架，讓對方在幾個答案中選擇。回答通常為「是」或「不是」，或用簡短的詞語回答。在門市銷售中，顧客進店，我們簡單地招待一下後，絕對不能讓這個場面冷下來，這時候就需要我們及時地找到話題和顧客寒暄。那麼，這種場合下我們究竟應該怎麼說呢？封閉式的問題既

能夠讓我們找到話題，又可以從顧客口中得到自己想要的
訊息。

「您是第一次來我們店呀？」

「您是怎麼知道我們店的？」

「我看您開車來的，我們這店還好找嗎？」

這些提問簡單實用。就是透過這些簡單的問題，我們就
了解了對方是不是我們的老客戶、店面的宣傳效果如何，以
及自己客戶所覆蓋的區域等。由於這些封閉式的問題，客戶
給我們的回饋一般都不會跑題太遠。同時，為了避免客戶會
產生被盤問的感覺，我們也一定要注意提問的方式，可以
在話題之初穿插一些開放式的問題！那麼，什麼是開放式問
題呢？

2. 開放式問題

開放式問題是指比較概括，範圍較大、廣泛的問題，對
回答的內容限制不嚴格，給對方充分自由發揮的空間，可以
自由展開。提問開放式問題的時候，我們的目的就是要從客
戶口中盡可能多地了解訊息！之所以稱之為開放式問題，就
是因為我們對客戶的回答不具備預知性。但是，這些訊息對
我們的銷售來說又是非常重要的！

其實，這種開放式問題的提問內容也是非常簡單的，整
體來說，就是「5W1H」。5W 是指「是誰、是什麼、在哪

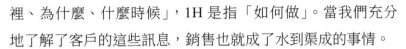

裡、為什麼、什麼時候」，1H 是指「如何做」。當我們充分地了解了客戶的這些訊息，銷售也就成了水到渠成的事情。

汽車銷售員在賣汽車時，一般會問這幾個問題：「是您開還是您的太太開？如果是您開的話，這幾款顏色比較適合您……」（who）

「您買車主要是在哪裡開？市區還是野外？不同的車型功能也不一樣。」（where）

「您準備什麼時候交車？」如果客戶馬上交車，銷售員一般會趁熱打鐵，不需要給太多折扣。如果客戶說「不急，過幾個月再說」，銷售員一般會隔一段時間給他打一次電話，特別是有促銷活動的時候會第一時間打電話給他。（when）

「您為什麼到這裡來買車？是透過什麼管道知道我們店的？」（why）

經由這幾個問題，汽車銷售員應該已經了解到這位客戶是否真的有購買汽車的需求以及他的心理價位是多少。掌握了客戶的這些資料之後，再去向他介紹就有了針對性，而且是完全按照滿足其需求的標準，客戶當然會對此欣然接受！

當然，開放式的問題雖然能夠在輕鬆的氣氛中得到客戶大量的訊息，讓客戶有很強的參與感，可是如果掌控不好的話，也非常容易讓客戶跑題。因此，我們可以採取「開放式

問題收集訊息，封閉式問題進行總結」、「先開後封、多開少封」的方式，將客戶「一網打盡」！

3. 上推式提問

上推式的提問方式，通常是指更大、更廣泛的事物或者意義，上推有三個方向。

（1）意義：做任何事情都有一個意義，銷售也是如此，比如：

「為什麼要用這個銷售方案呢？這個銷售方案對您來說有什麼意義呢？會給您帶來什麼價值呢？」

（2）正面的動機：在 NLP 中有一個前提假設，就是行為可能有錯，但動機絕不會錯。

比如，我們問一個學生家長：「你為什麼要這麼嚴厲地責備孩子？」

家長回答說：「我只是希望他能夠好好學習，成為一個好孩子。」

這個時候，我們可以做這樣上推式的提問：「我知道你這麼做都是為了孩子好（先肯定），可是教育孩子除了嚴厲的指責外，還有更好的方式，你覺得呢？」

在做銷售時，當我們不滿客戶的一些行為時，也可以用這樣的方式，先肯定客戶的動機，再指出客戶行為的不足，同時給出合理的建議。

（3）能力：做任何事情都需要一份能力。

小趙被任命為海外分公司的總經理，開拓海外市場。但小趙卻推辭說：「國外競爭那麼激烈，生意很難做。」這時，任命小趙的上司如果從接納的角度就可以看到小趙的分析能力和對市場敏銳的觀察力，因此可以這樣對小趙說：「就是知道國外的市場難做，所以才讓你這種具有敏銳觸覺的人才去，我們覺得你有這個能力。」

每個人都喜歡被往上推，這個時候，人的心情是很爽的！所以在與客戶打交道時，我們也要把客戶往上推，那麼客戶就更願意與我們合作了。

就是透過運用這樣的方式，我們先來贏得對方的共鳴，進而再提出自己更好的解決問題的辦法，對方肯定會更樂於接受。在銷售中也是如此，銷售員透過了解對方的期許，在此基礎上運用正確的方式進行銷售，效果肯定是事半功倍！

4. 下切式提問

下切式提問是透過將對方的話進行細化，進而了解對方深層結構的技巧，也就是了解在某種想法下的具體事實，這樣能夠加深我們對對方最完整、最仔細的了解。

比如說我們和朋友約定一起晚上吃飯。朋友說：「好啊，你想吃什麼呢？」

你說：「我想吃火鍋。」

朋友又說：「想吃魚火鍋呢？還是吃羊肉火鍋呢？」

你說：「那就羊肉火鍋吧！」

就是透過這些簡單的對話，朋友了解了我們最真實、最準確的想法。在銷售情境中，我們可以透過「你能講具體些嗎？」、「你能舉個例子嗎？」、「你能給我講講當時的具體情形嗎？」等問題對客戶的想法做進一步的確認，以幫助我們更準確地了解客戶的需求。

5. 平行式提問

透過平行式提問，我們可以了解客戶在同樣的需求層面是否還有其他的可能性，藉由開拓這種可能性，讓客戶看到更多的選擇。常用語句:「還有呢？」、「除此之外，還有呢？」這樣可不斷開拓當事人的思路。

比如說遇到了一個嗜酒的朋友，我們可以這樣勸說他：「你喝酒是為了什麼？」

朋友會說：「我喝酒是為了解悶。」

這時候你就可以說：「既然是解悶，還有什麼方式呢？比如透過旅遊、參加聚會、聽音樂等方式同樣也可以解悶，你為什麼不去嘗試一下呢？」

透過這種平行式的提問，了解了對方更多的可能性，對於銷售也是極為有利的。

6. 時間線式提問

時間線式的提問方式就是以時間線為準的提問，可以按照過去、現在、未來時間段來提問。

透過以下一些銷售員的話，我們可以對時間線式提問有一個更直觀的理解，即為客戶設定時間，幫助他們思考可能發生的。

「小姐，您現在最想解決的臉部問題是什麼？」

「您希望您臉上的斑是變少還是全部去掉呢？」

「為什麼這麼長時間，您臉上的斑還沒有去掉？」

「看來確實您選擇的產品不行，而我們的產品則向您承諾一定會祛斑！您是希望儘早把斑去掉，還是過一段時間再說？」

「在未來 7 年內，您所在領域會發生巨大變革嗎？」

「請告訴我去年最令人滿意的成績是什麼，那麼未來一年內你們面臨的主要挑戰又是什麼呢？」

「未來三年，您認為該企業的願景是什麼呢？」

「三年後的此時此刻，您正在做什麼事情呢？」

下面是我用「時間線」為修理廠維修煞車系統設計的話術：

「老闆，您看您的車是 2012 年 1 月 1 日買的，在這一年，如果您以 80 公里的時速行駛，那麼煞車在多長的距離能煞住呢？」

「70 公尺內就可以將車煞停。」

「但是到了 2013 年 1 月 1 日的時候，以同樣的速度行駛，多長距離能煞住呢？」

「可能需要 85 ～ 100 公尺才能煞住車，而這多出來的 15 ～ 30 公尺您並不能感覺出來，因為這不是一天兩天造成的。所以，你說你感覺煞車系統良好，是今天與昨天比，上個星期和這個星期比，如果和你剛買車的時候比，那煞車效果已經是差遠了。如果遇到非常緊急的情況，這樣的煞車效果會不會有危險呢？」

「因此，為了保持您的煞車系統性能良好，保護您和您家人的安全，您覺得要不要對您的煞車系統做一下保養呢？」

這段話用的就是「時間線」這個說話技巧，將煞車效果的昨天、今天和明天進行對比，簡單又清楚地說明了問題。

7. 超越式提問

「這個現在來說還不太現實。」、「你說的這個不太好辦啊！」在和客戶交流的時候，我們經常會遇到類似這樣的問題。客戶就好比鑽進了牛角尖一樣，不管你怎麼解釋，都沒有辦法改變客戶的思維方式。然而，透過超越式的提問方式，卻能夠幫助我們很好地解決這個問題！那麼，具體該怎麼應用呢？

比如，我們問客戶：「現在的成本計算情況怎麼樣，希望怎麼進行精細成本管理？」客戶可能會說：「精細成本管理不好實現，因為我們的生產成本數據無法及時統計。」這時候只要我們接一句：「如果我們的數據可以及時全面統計的話，您希望成本精細到什麼程度？」就能夠輕易地得到客戶的想法。

超越式提問還有以下一些問題：

「如果您擔憂的一切我們都可以解決，您認可我們的方案嗎？」

「如果能重新選擇，您會從事哪個行業呢？」

「如果您的運輸方式可以改變的話，您會用哪一種方式進行運輸？」

「如果有一根魔法杖可以改變品牌和客戶互動的三件事，您最想改變哪三件事呢？」

「如果我們公司在每一個城市都設有分公司，您會選擇哪座城市呢？」

「如果我們能為您縮減成本，哪一種方案會成為您的首選呢？」

超越式提問的關鍵是要消除常規障礙，並要保持情景的真實性。它可以幫客戶移開限制他思維的障礙，引導他突破這個思維的桎梏，進行發散性思維，進行更廣泛的思考和探索。

也許不是驚天動地的改變，但是微小的作用會造成很大的威力，就像火車靠鐵軌控制方向，火車來到交叉的位置可以移動，只要移動 2 公分的距離，方向就會發生很大的改變。比如：往左邊移動 2 公分，這個鐵軌就接上左邊的鐵軌，方向就改變了。

沒有一個方法可以解決客戶的所有問題，但是我們可以問客戶：「如果可以至少比目前現狀稍微好一點點，有什麼可以做的呢？」客戶的大腦或許會想到一個方法，這時，繼續跟進：「如果稍微再好一點呢？你有什麼好的補充呢？」

有時候，銷售員就是扳道員，幫助客戶能移動的就是 2 公分，而不是十萬八千里；今天改變他 2 公分，他未來的方向就完全不一樣了。

8. 聚焦式提問

解決問題的時候，最忌諱的就是「不分輕重緩急」。可是銷售員去和客戶交流或市調時，總會遇到一些客戶很發散地講出他們面臨的很多問題，也提出很多要求，讓銷售員一時之間難以理出頭緒。

在這種情況下我們就可以運用聚焦式的提問方式，快、準、狠地找出客戶最關心的問題。也許只是一句簡單的「您剛才說了這麼多，那麼您現在最想解決的是什麼問題呢？」就可以幫助我們了解客戶當下最關鍵的需求。

「您最重要的選擇標準是哪幾條呢？」

「就您的工作而言，您最喜歡做的事情是什麼呢？您最想在哪一方面做出改變呢？」

這種聚焦式的提問方式，也是快速幫助銷售員正確做出銷售判斷的方式之一。

這八種提問方式，是提問的基本功。臺上一分鐘，臺下十年功，銷售高手談笑間風生水起，能人雪無痕地說服客戶，離不開日積月累的基本功練習。

五、
世界越嘈雜，傾聽也就越珍貴

「二戰」結束以後，邱吉爾（Winston Churchill）和蕭伯納（Bernard Shaw）被認為是英國當年最有智慧的兩個男人。

有一天，他們和當紅的明星英格麗·褒曼（Ingrid Bergman）一起聚會。第二天記者採訪她的時候，提問道：「英格麗·褒曼小姐，妳是大紅的明星，妳和英國最有魅力、最有智慧、最聰明的兩個男人共進晚餐，妳認為這兩個男人誰更有智慧一些呢？」

英格麗·褒曼做了一個非常智慧的回答：「我和邱吉爾談話，他讓我感覺到他是世界上最有智慧的男人。」所有的人一片譁然，顯然，是不是蕭伯納沒有智慧啊。這樣面對媒體的話，她肯定是說錯話了。

記者問：「蕭伯納呢？」

英格麗·褒曼說：「我和蕭伯納在一起談話，他讓我感覺，我是世界上最有智慧的女人。」

英格麗·褒曼的回答證明了她是一個非常智慧的女人！透過這個故事我們更可以發現傾聽的魅力 —— 給對方帶來一種良好的自我感覺！

提問不只是顯得我們有多專業，關鍵是要透過客戶的回答獲得有價值的訊息，充分了解客戶的想法。所以，提問時

要注意傾聽，沒有有效的傾聽，提問也就失去了意義。提問和傾聽是溝通中兩個重要的方面，只有緊密結合起來，才能更接近客戶的內心，從而探知客戶的致命弱點。聽不出客戶的意圖，聽不出客戶的期望和需求，銷售就有如失去方向的箭。因此，傾聽對於銷售人員來說非常重要。專心的傾聽能夠獲取客戶的真實需求，下面，我們就來學習如何透過專心的傾聽來獲取客戶的需求。

聽用的器官最多，繁體字的「聽」：一個「耳」，「一」、「心」，「四」代表眼睛，「王」代表對客戶的態度（以客戶需求的致命弱點為王），我們還要用手去記錄，這也是聽。上帝給了我們兩隻耳朵，一個嘴巴，表示讓我們多聽少說。

1. 鼓勵他人多說多談

一個銷售員去拜訪一個客戶，這個客戶看上去心情很不好，他頭也不抬就說：「我在忙，沒時間。」

銷售員：「看來我來的不是時候，您在忙工作吧，在忙什麼項目？」

客戶：「還不是那個項目！」

銷售員：「那個項目您投入很多精力，進展得怎麼樣了？」

客戶：「別提了，到現在反覆修改了好幾遍了，客戶還是不滿意。」

客戶一直在發牢騷，銷售員默默地坐在旁邊傾聽，並不時地點頭。在客戶抱怨完之後，他才開口：「我太理解您了，您在行業內這麼優秀，您的創意還有人這麼不滿意，看來您遇到了難纏的客戶，這種事情我也遇到過，遇到這種挑三揀四的客戶真是煩惱……」說到這裡，銷售員停頓了一下，看客戶微微點頭，他接著說道：「暫時別想這些煩心事了，來，我給您沏杯茶……」

客戶：「兄弟，你也來喝杯茶！對了，今天找我有什麼事？」

在和客戶的會面中，銷售員最主要的責任就是讓客戶打開話匣子，從中了解客戶更多的需求點。我們傾聽並不僅僅是聽，也是為了讓客戶能夠給我們提供更多的訊息。因此，在傾聽的同時，我們可以多運用一些像「然後呢？」、「還有什麼？」、「你可以再想想還有什麼要說的？」等這些語句來激發客戶的訴說欲望。

客戶對我們談得越多，我們了解的也就越多，成交的可能性也就越大。

2. 對談話的內容要表現出自己的興趣

人際關係學大師戴爾·卡內基（Dale Carnegie）說：「在生意場上，做一名好聽眾遠比自己誇誇其談有用得多。如果你對客戶的話感興趣，並且有急切想聽下去的願望，那麼訂

單通常會不請自到。」這句話告訴我們，銷售員要真誠地對客戶感興趣，你對他感興趣，他才會對你感興趣，不能自私，你是為幫助客戶而來，所以你要聽客戶說話。

有很多銷售員在遇到客戶談論自己不感興趣的話題時，就會表現出來一副心不在焉的樣子，要不就是透過「是」、「說得對」、「嗯」這些短語來敷衍了事。這樣的會面不但會讓客戶感到不高興，也不會讓銷售員從客戶口中得到什麼重要的收穫。

演員在舞臺上表演時，臺下的觀眾越瘋狂，舞臺上的演員就越賣力。如果沒有觀眾熱情的互動，演員的表演也就失去了意義。如果觀眾只是默默地看表演，沒有一點回應，演員也就沒有了表演的動力。

銷售員在和客戶接觸的時候也是如此，客戶並不喜歡自我陶醉地自說自話，所以我們在傾聽的時候也要給客戶合理的回應，激發客戶繼續說下去。這會讓客戶感覺到被傾聽、被關注和被尊重。

某安全煞車片公司的銷售經理，這一天去拜訪一位汽修廠的曾老闆，誰知一下子就碰了釘子，曾老闆說：「你們的產品牌子不怎麼樣，價格卻不便宜，我們沒興趣。」生意不成人情在，曾老闆留他吃中飯。

吃飯聊天的時候，銷售經理得知曾老闆和自己是同鄉，高興地說道：「他鄉遇故人，人生一大快事啊！」這句話迅

速拉近了兩個人之間的距離。這時，曾老闆接了個電話，經理一聽，他還有一輛大型的集裝箱車，說明生意做得不小啊！就問道：「曾老闆，了不起啊！您的生意做得很大啊，您做這一行多少年了？」

「10 年了。」曾老闆說道。

「10 年就有了今天這樣的成就，一定有很多令人心酸和感動的故事吧，跟小弟分享一下如何？」經理說道。

這句話勾起了曾老闆的回憶，他果然將 10 年之間的酸甜苦辣娓娓道來，說了快兩個小時，經理靜靜地聽著，有時感動地流淚，有時高興地鼓掌。曾老闆講完了，經理激動地說：「曾老闆，我就是 10 年前的你啊！我希望 10 年以後也能像你這樣有成就。」

經理說完留下了一個報價單，別的什麼都沒說，但後來，曾老闆成了他最大的客戶。

傾聽和積極的回應，會給你帶來驚喜，讓你成為銷售高手。尤其是在客戶說出一些重要訊息或希望你表達態度時，你一定要有所回應。比如：「你能講具體點嗎？」、「你能舉個例子嗎？」、「你能給我講講當時的具體情形嗎？」這些都是鼓勵客戶講下去的積極傾聽回應。

也可以透過「徵求看法式回應」了解客戶的態度和致命弱點，比如：「您是怎麼想的？」、「您怎麼看？」、「您覺得怎麼樣？」讓客戶說出他的真實想法。這種回應可以讓客戶

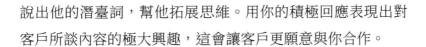

說出他的潛臺詞，幫他拓展思維。用你的積極回應表現出對客戶所談內容的極大興趣，這會讓客戶更願意與你合作。

3. 記住所談論話題的內容

在傾聽客戶的說話時，最好做一些記錄，一方面表明你非常重視他的談話，另一方面也可以記錄一些重要的問題，用以備忘。記錄客戶說話的要點，但是不要只顧著埋頭記筆記，因為那樣的話，會令客戶感到這場談話很無趣。

我有一個學員小梁，有一次和客戶聊天時說起自己的老家在哪，客戶問：「你老家和山離得不遠吧？」

小梁以為他想去山上旅遊，就說：「不遠，我那裡有朋友，您要去旅遊，我讓朋友給您做導遊。」

客戶卻說：「我不是想去那裡旅遊，是我媽說過想在家裡放幾塊那山上的石辟邪。」

小梁說道：「是的，那座山的石確實有辟邪一說。」

客戶的一句話，小梁卻記在了心上，有次出差辦完事他專門前往那座山，特意去給客戶帶石頭。在山上他撥通了客戶的電話：「我在山上，給您帶幾塊山石回去。」客戶聽到電話另一邊傳來呼呼的風聲，被小梁的細心感動了。

傾聽並記住客戶關鍵的訊息，你就知道下一步該怎麼做了。

4. 理解所談論話題的內容

在傾聽的過程中盡可能地理解談論話題的內容，想要做到這一點，需要一個人歸納總結的能力和辨別篩選的能力。有時候銷售員不能僅從客戶口中的隻言片語來片面地理解客戶的意思，而是要多去探討背後的動機和潛在的驅動力。其實這才是客戶真正的想法！

用同理心去感受客戶的處境和想法，用同理心和他一起尋找解決問題的方法。並要學會總結和歸納客戶的觀點，一方面代表你在認真傾聽客戶的談話，另一方面也是驗證一下你是否準確理解了客戶的意思，這可以幫助你很快找到解決問題的方法。例如：

「大多數的情況下，這個問題是由幾個原因引起的，一……二……三……您覺得呢？」

「張老闆，您的意思我都明白了，就像您剛才所說的……」

「您的意思是想再得到 10% 的優惠，並且在合約簽訂之後的 10 天內發貨，對嗎？」

「我理解您剛才話的意思是說，您喜歡白色的、性能和品質都要一流的汽車，對嗎？」

結尾千萬不要忘了「以問結尾」，以徵詢客戶的意見。

要想真正地掌握傾聽這門藝術，我們還必須練就三項非

常重要的功夫 —— 空、忍、沉默。

第一，空，心容萬物。

銷售員必須能夠抑制住自己的衝動，去迎合客戶的衝動。銷售是修身，更是修心，修練中放下執著、放下衝動、放下自我，讓自己心態達到空的境界，只有空，才能心容萬物。

空的心態，首先要停下手中所有的事，不要一邊做著別的事情一邊和客戶談話，零星的小動作會給客戶不被關注的感覺，要盡量避免。要專心傾聽客戶的談話，才能洞悉客戶的真實意思。

其次就是放下腦子和心裡的東西！放空自己，才能讓更多新鮮的東西注入！一顆虛心，才能真正接受客戶的意見。很多銷售員在提問時，會先在心裡設定一個答案，當客戶的答案說出來時，就和自己心中的答案做比較，這樣你就無法很好地包容客戶的答案和客戶傳遞給自己的訊息。

所以要徹底放空自己，清空自己預設的答案，放空自己才能收穫更多。

第二，忍，吃虧是福。

宋太宗與兩個重臣一起喝酒，兩個大臣喝醉了，就開始在皇上面前炫耀起自己的功勞來，他們越說越來勁，誰也不服氣誰，全然忘了皇帝還在面前。侍衛看不下去要將兩人拉

下去治罪，宋太宗攔住了。第二天早上，兩個大臣酒醉醒來，想起此事惶恐萬分，連忙進宮請罪。宋太宗卻輕描淡寫地說：「昨天我也喝醉了，記不起這件事了。」

宋太宗的裝糊塗，是一種忍讓，更是一種寬容。這樣做，既體現了他的仁厚睿智、不失尊嚴，又保全了大臣的面子。

我們常說的「忍字頭上一把刀」，意思就是指即使是心上面插了一把刀仍然無動於衷。和一個人交談，聽到錯誤的地方，我們的本能反應就是要去糾錯。但托利得定理告訴我們：測驗一個人的智力是否屬於上乘，只看腦子裡能否同時容納兩種相反的思想，而無礙於其處世行事。真正有智慧的人，一定能用正反兩種不同的思維角度來審視問題。用文言的話說就是：「思可相反，得須相成。」

所以，聽到客戶的觀點和我們不同時，不要忙著去糾正，更不要隨便打斷對方，要抑制自己說話的衝動，順著客戶的話題和思路往下走，把自己的固有思維放下，盡量去理解對方為什麼這麼說、這麼想，這才是心與心的連接。

衝動是魔鬼，如果你的打斷導致客戶失去了面子，那麼也就代表著你的銷售末日的到來，這是對衝動的懲罰。要想不在這方面出錯，就需要我們有一點忍耐的功夫。記住，在跟客戶爭執這件事上，吃虧是福。很多時候，贏得了道理，

輸了人心，輸了訂單。

用一個形象的例子來說，愛妻五大原則包括：① 太太不會有錯；② 如果太太有錯一定是我看錯；③ 如果不是我看錯也一定是因為我的錯才造成太太的錯；④ 總之太太不會有錯；⑤ 只是因為太太不會錯那日子一定過得很不錯。

如果我們將「愛妻五大原則」中的「太太」改為「客戶」，是不是也行得通呢？總之我們要牢記：客戶不出錯，我們的訂單才會多！

第三，沉默，震耳欲聾。

冷場，這是很多銷售員都害怕面對的場景，於是總喜歡在客戶面前滔滔不絕，不停地向客戶提問題、表達自己的觀點，完全不給客戶喘息的機會，甚至自問自答，把自己預設的答案都說出來，讓客戶選擇或確認，卻不知因此而剝奪了客戶思考的空間，失去了挖掘客戶致命弱點的機會。

你聽說過華爾街「沉默面試」的故事嗎？應徵者走進屋子，說聲「你好」，對方卻一聲不吭，只是盯住你看；你說：「我是來面試的。」他還是盯著你看；你開始講一些傻傻的笑話，他面無表情，只管搖頭。正在你不知所措的時候，他卻拿起一張報紙讀起來。據說這個面試的目的就是考察你控制局面的能力。

銷售的過程其實也是一種控制與反控制的過程，如果你

沉不住氣，那麼你將失去對局面的控制能力。真正能控制局面的，是那個善於傾聽、懂得在沉默中觀察和思索客戶的人。這才是真正的銷售高手，知道在提問之後，馬上閉口、停頓，眼睛注視客戶，頷首微笑，直到客戶說出他所要聽的訊息。這種沉默的聲音，震耳欲聾，引發思考，他也因為保持沉默，得到了客戶的致命弱點。

所以，當客戶不說話時，銷售人員也不要急著說話，因為這個時候客戶正在思考。而當客戶說出他的答案之後，銷售人員也不要急著接話或問下一個問題，而是要思考他的問題。

讓銷售的過程慢下來。在這個過程中還要用肢體語言和對方交流（這些肢體語言會在下文介紹）。如果沉默三四秒客戶沒反應，我們就不能繼續沉默了，而是要稍微解釋一下：「我這麼問的目的是……」、「我希望能更多地了解……」把問題關注面拓寬或提示思考方向。

總之，在與客戶交談時，銷售人員不能用機關槍式的提問給客戶帶來壓力，而是要用適度的沉默給客戶思考的時間，增加他心理的舒適程度，便於他們更容易做出回應。雄辯雖然是銀，但傾聽則是金。一個偉大的銷售員首先是一個好的傾聽者，懂得傾聽，才能真正走進客戶的心裡，與客戶建立起有利於銷售的關係。

六、
銷售時的最佳肢體動作，你了解嗎

美國作家威廉姆·丹福思曾有這樣一段描述：「當我經過一個昂首、收下顎、放平肩膀、收腹的人面前時，他對於我來說，是一個激勵，我也會不由自主地站直。」

人們早已熟知的一項研究成果也表明：在訊息傳達過程中，單純的語言只發揮 7% 的功能，聲調造成 38% 的作用，而體態、表情等身體語言卻傳遞了 55% 的訊息，而且因為身體語言往往是下意識的舉動，因此更為真實、可靠。

上面的兩段話已經道出了身體語言對他人產生微妙影響的玄機。即便在你沉默不語的時刻，你的姿態、神情，已經在無聲地告訴人們你是誰，並且一定程度地決定了人們將如何對待你。

對於銷售員而言，在學習傾聽這門課的過程中，我們不僅僅是要掌握「眼觀六路、耳聽八方」的基本技能，同時還要透過一些身體肢體動作來向客戶傳達我們的真誠和尊重。那麼，什麼樣的身體語言才是銷售員應該具備的呢？

1. 傾聽的身體語言

學會傾聽，我們不僅僅是要準備好自己聽的耳朵和記錄的手，同時在肢體上，還要有一些傳達傾聽的肢體動作，全

方位地做到傾聽的準備。那麼，什麼動作是銷售員在傾聽時的最佳動作呢？傾聽要保持開放型的身體語言，所謂的開放型身體語言，就是指給對方傳遞出一種容易溝通的感覺。而這種融洽的溝通氛圍，更是銷售過程中最需要建立的。概括性地來說，這種身體語言主要包括以下幾個方面：

坐姿：身體向前傾斜，這種動作一般代表了你對對方的重視。因此，在銷售的過程中我們可以運用這種動作傳遞給客戶自己對於這場會面非常重視的訊息。這既是對客戶的尊重，也是我們讓客戶敞開心扉的重要方式。上身微微前傾，應該在 10 度到 15 度之間。不要端坐，端坐代表自我約束、不可親近、不願遷就，這三個詞彙就是對這個動作最好的解讀。如果銷售員的身體語言傳遞給了客戶這種感覺，就等於給溝通設定了障礙，我們就更別想能走進客戶的內心了。

肩部：如果一個人喜歡聳肩或把肩挑起來走路，他的脖子就會向前挺，他此時就像一隻雞在伸長著脖子找食物吃，給人感覺很不安定。練武之人講究「沉肩墜肘」，放鬆兩肩的關節，不要讓兩肩聳起；「墜肘」是指肘尖要有下垂之意。只有沉肩才能讓肩關節活動自如，同時有助於含胸拔背、氣沉丹田。「沉肩墜肘」會有一種沉穩之氣。

還有，駝背這個動作多傳遞出來一種防衛心理，這會讓客戶感覺你是一個很難溝通的人。這時你還奢望著客戶能夠

心連心地與你溝通嗎？

腿：一定要避免蹺二郎腿或不停抖腳、哆嗦的現象，那樣只會給客戶傳遞一種自己不夠專業的訊息。俗語有一句話叫做「樹搖葉落，人搖福薄」、「男抖窮女抖賤」，如果一個人一坐下來就抖腳或不停哆嗦，就說明這個人處於一種不穩定的狀態，這個習慣一定要戒掉。兩腿交叉蹺起二郎腿，這會傳達出兩個訊息：①因為「相由心生」，所以肢體的交叉代表內心封閉，一種防衛的姿態；②高高在上，給人一種無所謂的感覺。這個習氣必須改掉。

手：溝通時露出手掌，這種動作一般能夠給客戶帶來坦白、誠摯的印象，我們可以借此拉近和客戶之間的距離，從而確保溝通在一種輕鬆的氛圍下進行。要放下手上的一切東西，搖筆或擺弄手機都是非常不好的感覺。雙手不要抱著手臂，更不要緊握雙手或交叉十指。抱臂是常見的封閉型身體語言。雖然有的抱臂只是身體疲憊的表現，是一種休息的姿態，可是當人們看到抱臂這個動作時，首先會收到負面訊息。所以，我們一定要盡量避免在客戶面前做出這個動作。

那手怎麼放呢？手可以放在嘴和下巴附近，代表我們是在邊傾聽、邊思考。拇指、食指分開摸下巴左右兩側，邊思考對方建議，邊總結。

頭：一定要保持直立。面帶微笑，把手放在下巴或臉頰

附近，然後向上豎起食指，輕輕貼在臉的一側一邊聽、一邊思考，同時還要在客戶面前做筆記。遇到客戶的詢問時，我們可以透過輕輕點頭來回應，點頭的頻率大約一秒一下。

眼睛：可以看著客戶的眼睛，但不要一直盯著，可以在兩眼之間轉換一下，或偶爾看一下眼睛與嘴之間的區域，然後再回到眼神交流。要眼觀六路，但不能賊眉鼠眼。

2. 均勻而深沉的呼吸

呼吸的姿態雖然因司空見慣而不被人注意，然而，其中卻隱藏著巨大的影響力。

能量和氧氣相關，而氧氣和呼吸相關。呼的姿態意味著氧氣的耗盡，而吸的姿態意味著氧氣的增加。「含胸拔背」的吸氣姿態，往往更容易給人傳達一種正能量，而類似呼氣的「佝僂姿態」卻給人帶來一種精神不佳的印象。因此，銷售員要訓練自己學會深沉的呼吸！

此外，呼吸的頻率也微妙地影響著銷售員給客戶傳達的影響力。我們可以想像一個短跑運動員在完成比賽後的呼吸狀態：由於氧氣的消耗，運動員會進入呼吸急促的狀態。而一個氣定神閒的思考者呈現的是一種均勻而深沉的呼吸形態。

對於銷售員來說，我們在客戶面前就是要塑造一個成功者的形象，因此一定不能自亂陣腳。練就一個均勻而深沉的呼吸，能夠讓客戶給我們的印象大大加分。

3. 展現權威和自信的身體語言

對於銷售員而言，不僅要有春風化雨般的親和力，在向客戶介紹產品或服務的時候，也要展示出自己的權威性。

銷售員的權威和自信來自於對價值觀的堅持，透過展示權威的肢體語言可以加強客戶對銷售員的一種敬畏力。聰明的銷售員都會合理運用「強者姿態」使客戶對自己的信服力倍增！

雙臂下砍的手勢：這被認為是最能強化語言力度的動作，我們經常會看到很多領導人在公開演講的時候都會運用這種手勢。對於銷售員而言，在說服客戶的過程中，也可以適量地運用一些這樣的手勢，增加自己的自信。

用手搭建塔尖：這也是展示權威時經常用到的動作。銷售員在為客戶介紹產品的優勢或者是打消客戶疑慮的時候，我們可以多運用一些這個動作。

強而有力的握手：握手是一個我們經常會遇到的禮貌行為。一個敷衍的握手和一個真誠的握手顯然是有區別的。銷售員在和客戶交流的時候，只有透過這種強有力的握手才能在最大程度上感染客戶。

七、
潛意識的溝通建立親和力

對歐巴馬（Barack Obama）有研究的人都會發現：如果是一個 30 分鐘的演講，他好像並沒有說多少東西，可是全場的人依然被他深深地震撼到。這究竟是什麼原因呢？

在前面傳授如何傾聽的時候我已經講過：人在說話時的身體語言和聲調，遠遠要比語言本身的影響力大得多！其實，歐巴馬正是深諳此道，他對民眾的這種親和力正是透過自己的一些身體語言和聲調來體現的，這只是一種潛意識的溝通。事實上，人與人相互之間的印象，多半是在交談以外的部分形成的。即使談話很愉快、順利，也不一定能給對方留下好印象。因此你要學會從潛意識給對方留下好印象的技巧。在這裡，我將會介紹一個關於親和力的銷售江湖利器，來幫助廣大的銷售員順利地建立起對客戶的親和力。萬事起頭難，只因沒方法；萬事起頭易，要有親和力。

1. 配合對方的肢體動作

建立親和力的基礎就是肢體動作。在上文中，我已經講到了許多在銷售情境中的最佳肢體動作。要想和客戶建立起親和力，和客戶順利地進行溝通，我們需要配合客戶的肢體語言，做到大概的動作一致。

可以配合的肢體語言有很多種：身體的姿勢、眼神的接觸、手勢的速度和頻率、頭部的傾側度、臉部表情等。

如果配合得好，我們就會像客戶的一面鏡子一樣。客戶會感覺「你看上去跟我蠻像的」。當兩個人親近的時候，真的會在不知不覺中做出同樣的動作，這既是一種默契，又是一種潛意識的交流。

對於銷售員來說，初見不熟悉的客戶，也許很難在第一時間達到這種高度的默契，這時配合對方一定要低調地進行。太明顯的動作會讓客戶很反感。當客戶改變肢體語言時，不要馬上就去跟隨，動作要自然而然，不留痕跡。最好是慢半拍，一般要在三秒之後。比如說：對方扶眼鏡，我們在三秒後扶眼鏡。這個動作在旁人看上去，兩個人彷彿就是一個人。我們配合客戶的肢體語言不是複製或模仿抄襲，這樣會很容易被客戶覺察到，他會覺得你不尊重他，結果適得其反，破壞親和力。我們要達到的效果是和對方的潛意識連接起來，讓大腦的電波在同一個頻率波段，方便接收訊息，最終建立起和客戶之間最佳的親和力。

2. 配合對方的語調

同樣的一句話，運用不同的語調說出來，傳達出來的情感和含義就大有差別。在和客戶建立親和力的時候，銷售員同樣需要在這方面注意。有一個成語叫「同聲相應」，對方

溫柔，我就溫柔；對方大聲，我就大聲。隨時根據情況調整自己的音量、快慢、大小等，順利地和客戶親近起來。

3. 配合對方的語言習慣

對於經常和各種各樣的人打交道的銷售員來說，掌握一些必要的方言和不同地區的語言習慣，來配合客戶的語言習慣，會增加親和力。

還可以在談話中盡量模仿客戶所用的特殊字句，與客戶拉近距離。例如，客戶說：「我就喜歡向各種各樣的事情挑戰。」那麼，你在與客戶聊天時盡量這樣說話：「我平時不吃辣的，但今天想挑戰一下。」、「現在的這份工作對我非常有挑戰性，我也要學習一下您的挑戰精神。」

模仿客戶說話的特殊字句，每模仿一次，客戶就會對你多一分好感，而對你的信任也會多一些。

4. 配合對方的感官類型

我們還需要根據客戶的感官類型進行簡單的分類，從而在細節的方面進行調整，進而達到親和效果的最大化。首先，我們需要對客戶的感官類型進行簡單的分類，包括視覺型、聽覺型以及感覺型。

對於視覺型的客戶來說，他們比較習慣用畫面來構築語句，所以在和他們交流的時候，盡量要讓自己的用詞都是看

得到的，這樣才會加大合作的機率。

聽覺型的客戶主要分為外聽和內聽。外聽是指耳朵實實在在聽到的一些東西，我們要盡量讓其優美動聽。而內聽則類似於買東西時我們心中的想法。比如說：「買不買啊」、「買吧」、「還是不買好」等。這實際上是一種分析、一種對話、一種邏輯、一種判斷。因此要想說服這種客戶，我們需要在邏輯上下功夫。

感覺型的客戶就更好說了，他們在選擇商品的時候，往往需要先用心感覺，之後才會慢吞吞地告訴我們他們的想法。對於這種客戶，我們要盡量營造一種開心、快樂、溫暖、愉悅的溝通氛圍，讓他切身感受到和你合作非常有安全感。

了解了客戶的感官類型後，我們怎麼分辨我們的客戶是什麼類型呢？待我娓娓道來。

這需要一個長期訓練的過程。神槍手可以一顆子彈消滅一個敵人，但我們不是神槍手。可是我們可以找一把機關槍，一掃一大片。所以銷售員在和不同客戶交流的時候，要練習一種模式：一開口說三種類型語言，同時照顧到視覺型、感覺型、聽覺型的客戶。

一個房地產銷售員給視覺型的客戶介紹時可以這麼說：「這個房地產最好的一點就是周圍的環境好，風景優美，綠

化面積很大，又有游泳池，真的是一個宜居的環境。」

外聽型的客戶我們可以這樣介紹：「住在這裡，每天早上叫醒你起床的是動聽的鳥叫聲。」如果客戶是內聽型的，則可以這樣介紹：「這樣的房子在市中心要 1 萬多一平方公尺，而在這裡才 5,000 元一平方公尺，性價比非常高。而且這裡周圍不會再建房子了，以後想在這裡買房子是買不到了。」

而對感覺型的客戶則需要這麼介紹：「現在學我這樣深吸一口氣，想像一下，以後你每天都坐在這裡，呼吸著新鮮的空氣，品著茶，聽著鳥鳴，感覺怎麼樣？」

東方人在說話時比較重視人的聽覺，也比較善於說聽覺的話，比如「你這個人很聰明」、「我感覺你很可愛」等，但卻不太善於說視覺和感覺的話，因此，會讓客戶覺得不夠有親和力。其實，不管客戶是聽覺型的、視覺型的還是感覺型的，銷售員可以統一說「感覺型」的語言，因為打動人心的話誰都喜歡聽。

東方人不習慣分享感覺，總是用「聽覺型」的語言來表明自己判斷「很厲害」，但事實上有時候會判斷錯誤。所以，銷售員要勇於和客戶分享感覺，哪怕是一些負面的感覺，也能夠讓客戶感覺到誠意。例如：「我和您溝通三個月了，還是沒能打動您和我們合作，我感覺自己很失敗，反正我知道沒希望了，只想問您最後一個問題，我怎麼樣改進，

您才願意和我們合作呢？」這一招是完全向客戶敞開心扉，相信即使是再冷血的客戶，也不會對你置之不理。

用感覺型的語言與客戶建立心的連接，即便是說錯的話，也能使客戶感覺到你的誠意和親和力。

5. 催眠你的客戶

NLP 大師米爾頓（Milton Erickson）為人做催眠治療時，說得最多的一個詞就是：「對了！就是這樣！」為什麼總要這麼說呢？因為催眠就是讓人放鬆，而「肯定」最讓人放鬆，想讓他得到什麼先肯定他什麼。人在什麼狀態下最放鬆呢？吸氣和呼氣時，尤其是呼氣時。所以當一個人呼氣時，催眠師就會說：「對了！就是這樣！」

而銷售員也要學會催眠你的客戶。當客戶在說話時，會換氣、停頓、思考，然後再開始說話，這就是客戶在吸氣、呼氣，這個時候，銷售員也要學會為客戶放鬆 —— 慢慢地點頭，輕輕地說「對，是的」。客戶得到了肯定，就會感到放鬆，就會找到安全感，而在這樣的狀態下，我們才最容易知道客戶的致命弱點。就像小時候媽媽總是配合著我們的呼吸輕輕拍打著我們一樣，而我們在媽媽的這種催眠中感到非常安心。

催眠的目的是為了讓人聽從自己的指引，而我們憑什麼讓人聽從我們的指引呢？就是要多肯定對方。想讓客戶聽從

我們，與我們合作，就要多肯定客戶，當客戶做對的事情的時候，我們要不斷地肯定他。

如果你像一個警察一樣一直問，客戶就會感到有壓力，所以多用催眠的方法去接納客戶。聽到你想要的，就給他一個肯定：「哦，非常好，還有呢？」在潛意識層面跟客戶溝通。

NLP（神經語言程式學）中假設人的行為可能有錯，但動機絕不會錯，因為動機是保護自己的，在潛意識裡是正面的，但為了滿足該動機的某行為卻有可能是錯誤的。所以我們在批評一個人時，先要接受一個人的動機和情緒，然後再批評他的行為。接受了他的動機和情緒，對方便會有被接受和肯定的感覺，然後再引導他做出改變。這樣才能實現最好的溝通關係。

如果我們單單從行為層面來看的話，就很容易發生爭執和衝突。但如果進入動機層面的話，效果就完全不同了。

有一個員工，跟隨老闆多年，工作一直很認真，但有貪小便宜的毛病，經常把公司的一些文具拿回家給孩子用。老闆知道後罵她：「居然把公司的東西拿回家，連一支鉛筆都拿，妳也太貪心了吧。」員工聽了這話非常不服氣，反駁道：「老闆，我跟你十幾年了，我替你賺了多少都數不清楚了，現在拿一支鉛筆您都跟我計較！」可見，每個人的立場不一

樣，如果單純站在行為層面上看問題，對方不可能接受你的批評。

　　那麼，這位老闆應該怎麼指教這位員工呢？從動機出發：「妳時時刻刻惦記著妳的兒子，真的是一位好媽媽。妳兒子有這樣的媽媽，一定很幸福。不過，小孩子第一個模仿的對象是他的父母，所以我很擔心妳這樣的行為會不會對妳的孩子造成不好的影響。」

　　要想否定一個人，先要肯定一個人；肯定或者接納一個人的正面動機，並不等於接納這個人的行為。行為可能有錯，但動機絕不會錯。這就是上推的過程。

　　比如有些家長這樣批評孩子：「總是不及格！真是個笨蛋！」給孩子貼上了「笨蛋」的標籤，就把孩子的人格摧毀了，也把孩子的人生給催眠了，他從此真成了一個笨蛋。如果我們能這樣評論：「在爸爸心目中你一直是一個聰明的好孩子，可是這次考 50 分，是不是不認真？」孩子是不是更容易接受呢？

　　這就是評論的藝術。如果客戶出現失誤或錯誤時，銷售人員也能用這樣的評論方式來指出客戶的錯誤，是不是更容易和客戶建立起具有親和力的關係呢？

八、
用情感銀行把客戶變成你的貴人

吳起將軍帶兵去打仗，一個士兵身上長了個膿瘡，吳起就親自跪下來為士兵吸膿。全軍上下無不感動。士兵的老母知道後就大哭起來，哭得很傷心，別人就問她：「妳兒子不過是小小的兵卒，將軍親自為他吸膿瘡，妳兒子得到將軍的厚愛，妳應該高興才對啊！妳為什麼倒哭呢？」這位母親哭訴道：「想當初吳將軍也曾為孩子的父親吸膿血，結果打仗時，他父親特別賣力，奮勇衝鋒在前，戰死沙場。現在他又這樣對待我的兒子，我兒子大概不久也會戰死的，所以我才哭！」

吳起將軍究竟用的是什麼「利器」，讓他的士兵浴血奮戰、死而無憾？吳起將軍用的工具就是「情感銀行」。人與人之間的關係就像是銀行一樣，我們跟一個人的關係好不好，其實是看我們在他心目中的帳號有多少「錢」。存款和提款是銀行比較重要的兩項業務。吳起將軍跪在地上為士兵吸膿，親自綑紮和擔負糧草，為士兵分擔勞苦，這些都是在士兵的「情感銀行」裡存錢。等到打仗的時候，他發號施令讓士兵衝鋒陷陣，這就是提錢。因為他在士兵的「情感銀行」裡存了很多錢，所以士兵們都願意跟隨他去拚死作戰，所以有句話叫做「士為知己者死」。

　　從這個故事中，我們應該已經了解到情感銀行的重要性。那麼，哪些是「存錢」的行為呢？請回想一下，在你的生命中，別人對你說了什麼你就有感動的感覺？別人對你做了什麼，你就感覺欠了他很多？有沒有人跟你講過一句話讓你始終難忘？有沒有人為你做過什麼讓你一直感恩？讚美、鼓勵、認同、信任、幫助、關心、支持、接納等，這些動作叫存款。哪些是提款的行為呢？指揮、求助、命令等，當你在別人的情感銀行裡存入的「錢」多的時候，就可以提點「錢」來用。哪些行為是透支的呢？指責、責罵、批評等。哪些行為是破產的呢？欺騙、婚外情，不管情感銀行有多少錢，一次這樣的行為就破產。所以我們永遠不要欺騙別人，欺騙一次，就會讓「情感銀行」破產，要想再恢復信任，你知道有多難嗎？記住，銷售員永遠不要欺騙客戶！

　　銷售員在和客戶見面的第一時間，就要在他心中建立一個情感帳戶，在情感銀行中不停地存款，不要索取，全力以赴地支持他、幫助他，讓我們的客戶能夠源源不斷地從中受惠，我們後面的銷售也就會變得越來越簡單。客戶就是銷售員的「貴人」！銷售員要學會在任何「時空角」裡找到掌控大局的人，讓他成為你的「貴人」，讓任何人喜歡你，並願意幫助你，而且不要付錢。「貴人」手裡有資源，給誰都可以，如果你用錢來換，他不一定給你，而且你也不一定排上

隊，所以要以「情」動人，打動客戶，讓自己和客戶之間的情感銀行充盈起來。

「貴人」在哪裡？「貴人」是你自己發現的，是你自己創造出來的！唯有主動出擊，才會讓自己的「情感銀行」財源滾滾！

OEM 代工部的銷售經理阿飛，在參與一次工程項目招投標競爭中處於劣勢，無意間得知客戶的女兒特別喜歡麥當勞的兒童玩具，但客戶卻沒有時間去買。阿飛立即通知自己團隊的所有成員，要他們明日一早到最近的麥當勞店排隊買兒童套餐，拿玩具。第二天，阿飛將所有團隊成員排隊得來的玩具送到客戶公司的櫃檯。幾天後，阿飛去見客戶，客戶熱情地對他說：「謝謝你的玩具。」然後，阿飛順利地與客戶達成了合作協議。

阿飛先在客戶那裡建了一個「情感銀行」，才能順利地從「貴人」那裡拿下訂單。銷售員去拜訪客戶的時候，要準備一些小禮物。例如，了解到客戶買了一輛新車，下次見面送給他一個 GPS，客戶就會很開心。逢年過節，一個簡單的賀卡，一張情誼濃濃的過節購物卡，或者只是一份簡單的地方特產，都會讓客戶在歡樂的過節氣氛中記著我們，好比我們在客戶的情感銀行中注入一筆寶貴的存款。

真正的銷售是一件互利雙贏的事情，只有真正地給予，

我們也才會收穫更多!當然,在「主動出擊、以情制勝」的過程中,我們還要拿捏好分寸的問題。既讓客戶注意到我們,又不能讓客戶產生厭煩情緒。當客戶心中湧現出「這幾家採購商的商品都大同小異,可是某某品牌的小王在這一年中,逢年過節都會來拜訪,實在讓人感動,不如就選擇他們這個品牌吧。」這樣的想法時,才代表我們在情感銀行中注入的存款發揮了它的作用,我們以其贏得了客戶的信任!

九、
隨時隨地感恩和讚美

美國某城市有一位史蒂芬（Steven Sinofsky）先生，他是一個有著八年工作經驗的程式設計師。可是有一天，他所在的公司突然倒閉了，而此時他的第 3 個兒子才剛剛出生，重新工作迫在眉睫。

終於，他在報上看到一家軟體公司要應徵程式設計師，待遇不錯。他拿著履歷，滿懷希望地趕到公司。憑著扎實的專業知識，筆試中，他輕鬆過關，兩天後面試。因為自己有著八年的工作經驗，他堅信面試不會有太大的問題。

然而，考官的問題是關於軟體業未來的發展方向。這些問題他竟從未認真思考過，因此，他被告知應徵失敗了。

史蒂芬覺得公司對軟體業的理解，令他耳目一新。雖然應徵失敗，可他感覺收穫不小，有必要給公司寫封信，以表感謝之情。於是立即提筆寫道：「貴公司花費人力、物力，為我提供了筆試、面試的機會。雖然未被錄取，但透過應徵使我大長見識，獲益匪淺。感謝你們為之付出的勞動，謝謝！」

這是一封與眾不同的信，未獲錄取的人竟然還給公司寫來感謝信，於是這封信最終到達了總裁手中。

三個月後，新年來臨，史蒂芬先生收到一張精美的新年

賀卡。上面寫著：「尊敬的史蒂芬先生，如果您願意，請和我們共度新年。」賀卡是他上次應徵的公司寄來的。原來，公司出現空缺，他們想到了品德高尚的史蒂芬。

這家公司就是美國微軟公司，現在聞名世界。十幾年後，史蒂芬先生憑著出色的業績一直做到了副總裁。

即使我們的銷售沒有成功，銷售員也應該像史蒂芬先生一樣，不要為一時的失敗耿耿於懷，而是應該透過對比，找出自己的不足。人最難面對的就是自己的缺點。如果能夠以此來發現並改正自己的缺點，我們就更應該為客戶拒絕我們而感恩！

對待客戶要隨時隨地讚美與感恩，哪怕是在客戶拒絕我們的時候，甚至是在謾罵我們的時候。在感恩和讚美中，才會有人願意幫助你，與你合作。

在我的公司發生過這麼一件有趣的事情。男員工小趙和女員工小陳發生矛盾，兩個人互相不滿，告到我這裡來。我告訴男員工小趙，我說給你一個月的時間，你幫我從小陳身上找十個優點，缺點不用找。一個月後公司開會，我問小趙，我說我交給你的任務完成得怎麼樣了？他說完成了。我說你匯報一下。小趙就講了：「小陳工作認真，待人熱情，對待客戶負責任……」一直說了十多個，這個時候我看小陳滿臉通紅，很不好意思。我說小趙你從一個女孩子身上學到這麼多優點，要不要感謝人家一下？他說好，就走到小陳面

前鞠了一躬說：「謝謝妳。」小陳非常感動，兩個人的矛盾全消。從此以後，公司員工之間鬧矛盾的事情幾乎沒有了。

從這個故事中我們可以看到，感恩和讚美別人是一件多麼美好的事情。我們小時候學走路，學了很多次才學會，我們的父母不會說：「你這個孩子真笨，連走路都學不會。」他們會鼓勵、讚美我們：「真棒！加油。」所以每個人都是在讚美聲中長大的。讚美也是一門學問！雖然人們都喜歡聽好聽的話，但是我們一定不能把客戶當傻子！對於客戶來說，一個實實在在的讚美能夠讓客戶感受到我們的真誠，而且會認為我們是發自內心的讚美！所以對於銷售員來說，不要盲目地對客戶說出讚美的話，而是我們每一句讚美的話都要提到具體的實例，這樣的讚美才是客戶真正需要的。

這個「具體」指的是具體事件＋個人特質。比如，學員給我倒了一杯溫開水，我就可以這麼讚美他：「謝謝你給我倒水，你真是個非常細心會照顧人的人。」具體事件 —— 倒水，個人特質 —— 細心會照顧人，把讚美上推到一定高度，對方才會感動。如果沒有具體的事件，就是拍馬屁，別人會感覺很虛。所以讚美一個人，一定要給他一個證據，他才會相信。

在銷售過程中，可以讚美客戶的方面有很多：氣色、容貌、膚色、笑容、聲音、服飾、職業等，要善於從客戶的言談舉止中捕捉到可以讚美的地方，用具體事件＋個人特質的

讚美方式適時恰當地給予客戶讚美，一定能得到客戶最真心的回饋。

小李幫女朋友買衣服，可是覺得價格太貴，於是跟銷售員砍價：「六折！」

銷售員：「不可能！哪有那麼便宜，九折！」

小李：「九折？太貴了！」

這時店長走過來給這個銷售員解圍。

店長：「這件衣服確實不便宜，這麼高貴的衣服只適合有高雅氣質的女孩穿。你女朋友氣質這麼好，穿起來一定漂亮，不信試試看？」

店長：「你看，穿在美女身上果然漂亮，就像量身定做似的！太羨慕妳了，有這麼好的男朋友。如果不是很愛妳，妳男朋友哪捨得買這麼貴的衣服給妳穿呢？你說是吧，先生。」

店長：「買東西都想物美價廉，同時我們都想把最好的東西送給我們最愛的人，您說是嗎？您可以再想想，可是您那美麗可愛的女朋友就要多等幾天才能享受這麼漂亮的衣服了。」

這位店長在整個銷售的過程中一直在使用讚美，甚至用讚美把買主抬到了很高的位置，這位先生不買恐怕都不太可能了。

在銷售中，我們還可以使用這樣讚美的語言：

「您氣色真好，可以和我分享一些您的保養祕訣嗎？」

「這位小朋友，太可愛了，上小學了吧？」

「來我們這裡購物的，都是對生活品味非常有追求的顧客。」

「您的選擇太與眾不同了，表示您是個非常有個性的人。」

「先生，您當時怎麼想到做這個行業呢？這實在是一個明智的選擇！」

「燈光不僅要優美，還要貼合您獨特的個性。」

「您住在 ×× 社區？哇！那可是一個高檔社區啊！您好幾年前就買了？您太有投資眼光了！」

對待客戶就應該如此！懷著一顆感恩的心真誠以待，同時用自己的讚美來給予客戶最誠摯的認可，在客戶與我們之間建立一個良好的溝通平臺，客戶和我們的關係才能夠越來越融洽。

第三章

挖掘致命弱點 —— 痛並快樂著

致命弱點來自於煩惱和欲望。購買有兩個動機：逃離痛苦和追求快樂。銷售是一個讓客戶痛並快樂的過程，先挖掘致命弱點讓客戶認知到他所面臨的問題的痛苦，再推演讓他看到問題解決後的快樂，讓他不知不覺相信我們的產品或服務是讓他獲得快樂的最好載體。在這個階段要透過一系列的挖掘致命弱點組合拳，建立專業信任度，走進客戶的心裡，全方位挖掘他的致命弱點，並把它放大，讓他現在就需要。

一、

挖掘致命弱點的組合拳

透過第二步「以情動人」，打通了客戶情感的任督二脈，我們和客戶的溝通就變得更暢通了。這時，就可以「大雪無痕」地轉到第三步 —— 「挖掘致命弱點」。這個時候我們溝通的方向有可能會偏離軌道，我們需要做好調整。不能急著跟客戶確認他是否有需求，我們強調用提問讓客戶「自然而然」地去發現自己的致命弱點。

如何從第二步過渡到第三步呢？這個時候，你可以輕鬆、簡單自然地順勢一推，問一句：「我可以問您一個問題嗎？」或「我能請教您一個問題嗎？」你這樣問一句，大多數人都會說：「可以。」這樣，你就獲得了進入「挖掘致命弱點」的通行證了。

銷售是買賣雙方發生一段關係的開始，是一段彼此互相環繞的舞蹈。我們要配合客戶的節奏，主導會談的流程，像導遊一樣在引領大方向的前提下，適當地冒險，大膽地把主導權交給客戶，讓他自主發現自己的致命弱點。

銷售高手必須有一個特質，就是無條件地對客戶感興趣，對探求客戶的內心世界有強烈的好奇心和渴望，走進客戶的心裡並去發現他的致命弱點：他在為什麼事煩惱糾結？他在為什麼事夜不能寐？他實現了什麼會開懷大笑？銷售高

手會透過「提問」這把鑰匙打開他的心門，走進他的內心世界，找到他的致命弱點，不斷地點擊它、觸動它。

　　銷售成敗關鍵在於是否對客戶的需求致命弱點深入了解。平庸的銷售員往往會犯一個致命的錯誤，在沒有了解客戶的致命弱點之前，便和客戶探討產品或服務，這種做法客戶很反感，後果很嚴重。

　　從前有一個國王，很疼愛他的小女兒。有一天他的女兒說：「父王，我想要天上的月亮。」國王一聽，這怎麼可能？沒理她。小女兒一看父王不理她，又哭又鬧，生了一場病。這下國王著急了，立刻召集群臣商議。

　　宰相說：「月亮那麼大，要把月亮拿下來，這簡直是痴人說夢！」

　　將軍說：「月亮離我們那麼遙遠，我們怎麼能去到那裡呢？」大家都說不可能。

　　重賞之下必有勇夫！國土只有發懸賞榜，用重金尋找幫助公主取下月亮的人。三天過後，無人敢揭。第四天，宮中有一個小丑聽說此事，跑去揭榜了。

　　國王一看是個小丑，很失望，我滿朝文武都解決不了，你一個小丑能做到嗎？但是也沒有別的辦法了，只好讓小丑試試了。

　　小丑來到公主的房間，問：「公主，我可以問您一個問題嗎？」

公主說：「可以啊！你問吧？」

小丑：「公主，您想要的月亮有多大呢？」

公主：「大概就像我小拇指一樣大吧。」

小丑：「您為什麼認為月亮會這麼大呢？」

公主伸了一個小指頭，說：「你看，我把指頭一伸，就把月亮擋住了，月亮還沒有我的小指頭大呢。」

小丑：「哦，我知道了，那公主，月亮是用什麼做的呢？」

公主：「你看它是黃色的，肯定是用黃金做的啊！」

小丑透過提問，了解到了公主心中的月亮是小指頭那麼大，用黃金做的。於是馬上用黃金做了一個小指頭那麼大的月亮，穿上金鏈子，掛在公主脖子上，公主很開心，很快病就好了。

但是國王還是很擔心，因為月亮晚上還會再出來，如果被公主發現了，怎麼辦？於是又把大臣召集到一起想辦法。

有的說晚上給公主戴上墨鏡，讓她看不到。有的說在公主的房子周圍砌一堵高牆，把月亮擋住。沒有一個辦法好用。國王只好又找到小丑，讓他出主意。

如何解釋月亮掛在公主的脖子上，同時又出現在天空中呢？小丑靈機一動，來到公主房間，問道：「公主，我遇到難題了，您能不能幫助我呢？」

公主：「你說吧。」

小丑：「我有一個問題一直想不明白，為什麼我把月亮拿下來掛在您的脖子上了，晚上它又爬出來了呢？」

公主哈哈大笑道：「你真笨啊！我的牙齒掉了，會長新牙，月亮被拿下來了，當然也會長新的月亮啊！」

國王和他的大臣們以為公主要的月亮就是他們心中的、他們眼中的月亮，所以永遠也找不到把月亮拿給公主的方法。很多時候，我們聽到了別人的一個觀點，我們會想當然地給他一個評價，那其實只是你自己一廂情願的想法。其實，每個人心中都有屬於他自己的月亮，如果你想幫助別人，只有走進他的心裡，去問一問對方心裡的「月亮」是什麼樣的，這樣才能解決問題。

所以，我們要學會如何發問，來幫助客戶思考，幫助客戶尋找到答案。在和客戶會談中，客戶需要的是那些能對他們有幫助，能引發他們新的思考方向，讓他們醍醐灌頂、撥雲見日的人。

銷售人員要專注於幫助客戶，並透過每一次和客戶的交流來為其提供價值。達到這個目標的方法之一，就是透過有效的提問，來使客戶搞清楚他們需要完成的事情。本章將介紹挖掘致命弱點的提問過程，這是銷售人員使用的核心工具。這一系列的工具和過程，會增加你的影響力，不僅會增

強你了解客戶需求並構建夥伴關係的能力，而且會增強你的信心、提高你的績效。

　　挖掘致命弱點提問方式是一套組合拳，能完整清晰描繪出客戶的情況，幫助客戶了解自己的致命弱點，並讓客戶自己選擇最佳購買方式獲得最大利益，這樣銷售人員也能夠明確如何為客戶提供最大價值。銷售人員必須學會提出高品質的問題，一步一步提升問題的價值，推進銷售進程。三類問題組成了挖掘致命弱點的提問方式，具體描述如下：

1. 診斷類問題（運用一系列「小而精」的問題或用「撥雲見日」的獨特商業見解作為起步，提升客戶對你的專業信任度）；

2. 致命弱點類問題（深入提問，了解客戶的煩惱和需求的致命弱點）；

3. 槓桿類問題（提高客戶解決問題的緊迫性）。

　　舉個例子，你銷售電腦設備，在和客戶會談時，你可以準備以下問題：

1. 診斷類問題

　　銷售會談之初，銷售員在客戶心目中的專業信用度幾乎為零。縮小範圍提問能夠迅速提升客戶對你的信任，這種提問可以向客戶證明你知道如何提一些智慧的問題，那麼客戶會自動自發地認為你有提供有價值方案的能力。你可以問如

下診斷問題：

「您平時是習慣使用桌上型電腦，還是筆記型電腦？」

「您公司的電腦使用 WIN 7 系統還是 XP 系統？」

「您公司的電腦 CPU 的時脈頻率是多大？」

「您公司的電腦用的是什麼顯卡？」

「您公司的電腦每天開機多長時間？」

透過提幾個簡短的診斷類問題向客戶證明你不是一個門外漢，你是懂他們的業務的。一旦取得了信任，客戶就會把心打開，會跟你分享他們業務的訊息，同時也會問你很多你的產品和服務的問題。

2. 致命弱點類問題

客戶之所以有需求是因為他自身要解決什麼問題，或要實現什麼願望。我們了解了客戶的基本訊息後，就要挖掘客戶對當下的產品應用或業務方面的態度，尤其是他對現狀不滿的地方，以便我們找到客戶明確的致命弱點。

具體可應用的話術如下：

「對現有系統您有哪些方面不滿意？」

「系統應用方面有什麼事情會讓您很頭痛？」

「工作中有哪些事情占用了您過多的時間？」

「您希望得到一臺什麼樣的電腦？這對您為什麼很重要？」

「您需要什麼樣的配置？」

3. 槓桿類問題

　　當我們發現了客戶需求的致命弱點之後，就要把每一個致命弱點透過提出槓桿類問題，放大成更大的致命弱點，從而讓客戶高度重視起來，讓客戶即刻需要解決。具體可應用的話術如下：

　　「如果這些問題不解決會對您有什麼影響？」

　　「您的長官會如何看待這個問題？」

　　「這些問題解決以後對您有什麼幫助？」

　　「您為什麼要解決這些問題？」

　　熟練運用挖掘致命弱點的組合拳，會讓銷售員在不同時機選擇不同的問題，讓銷售進程朝著我們期望的方向推進，也會使客戶更有熱情地參與進來。現在我們就來詳細探討挖掘致命弱點過程的每一個階段。

二、
像專家一樣提問診斷類問題

　　客戶永遠不希望和一個對自己一無所知的人浪費時間，他們希望得到銷售專家的幫助，希望銷售員能找到他的問題所在，並引領他們走上解決之道，給出有價值的方案。就像我們旅遊，為什麼願意跟著導遊走，因為他知道路線，他會帶我們去領略一道我們從未見過的風景。銷售員怎樣才能樹立專業信用讓客戶對自己有信心呢？我現在教大家兩種方法來獲取專業信用度：一種是診斷式，透過縮小提問的範圍來樹立專業信用；另一種是創新式，提出獨特的商業見解。

1.「小而精」的問題

　　世界上有一群人，他們最會做銷售，他們賣產品給你，你從來都不會討價還價，他們是誰呢？他們就是醫生。醫生是一個專業方面的權威，他透過提問增強你對他的信心。他問你：「不舒服幾天了？」、「以前有沒有過這種症狀？」、「以前吃過什麼藥？」、「哪裡不舒服？」問得越詳細，你對他越相信，你覺得他對你的病情了解得越深入，他就一定會給你一個最有效果的治療。

　　銷售也是這樣，問「小」不問「大」，縮小提問的範圍，以顯示出你的專業性。

很多老師告訴銷售員，面對新客戶，提開放式問題比封閉式問題效果好。這沒有錯，但是最關鍵之處在於問題的範圍大小。太大範圍或太抽象的開放式問題，讓客戶很難回答。

比如：

「您公司的下一個五年計畫是什麼？」

「您當下最難解決的問題是什麼？」

「對於您現在的供應商的效率，您如何看待？」

「您對打造學習型組織有什麼期望？」

這些問題都太廣泛，太抽象，客戶不知道從哪說起。那我們問客戶，就要縮小範圍，問具體的問題。設計診斷類問題有三個關鍵點：

4. 站在客戶的立場去提和他相關的問題；

5. 提具體細節的問題，而不是抽象廣泛的問題；

6. 用開放式問題，讓客戶盡量多講。

把診斷式問題設計得簡潔明快，簡約而不簡單，提問和回答都很方便。這樣會瞬間激發客戶的好奇心，建立自己的專業信用。

比如：

「您用什麼方法提升現有的產能？」

「採取新的價格策略對您的市場有什麼影響？」

「您現在經營的品牌利潤怎麼樣？」

這些開放式的問題都是「小而精」，客戶會本能地認為：一個能提出明智的診斷類問題的人也一定是一個能提出有價值的解決方案的人。

我曾幫一家家具銷售公司做培訓，他們遇到這樣的問題：客戶進店率很高，成交率很低。經過研究發現，銷售員和客戶寒暄後，他們會習慣用傳統的開放式問題向客戶提問：「請問您需要什麼樣的家具呢？」客戶一般會說：「我只是隨便看看。」這其實是銷售員不知道用什麼方法在客戶面前樹立專家的形象，現在，我們問「小而精」的問題，用診斷類問題來打開溝通的局面。

「您的房子是什麼樣的戶型？」

「您家的房子是多大的？」

「您的房子裝修了嗎？裝修已經到了哪個階段？」

「考慮到每個人對照明的需求不同，請問一下您的家裡會有哪些人住在一起？」

「您家的主色調是什麼顏色？您喜歡什麼顏色的家具？」

「您喜歡什麼材料的家具？」

提煉出這幾個簡潔的診斷式問題之後，銷售員就可以從容面對客戶，讓自己與眾不同，迅速建立專業形象，氣氛立刻發生奇妙的變化，從而贏得更多銷售機會，大幅提升成交率。

　　用好診斷式問題，目的是把你塑造成專家的形象。你可能不是專家，但要學會在溝通中如何讓自己看起來像是個專業的人。不需要等到一切準備好才開始，直接讓自己專業 —— 以專家的心態和身分來提問，邊走邊學、邊學邊練，時間長了，就專業了。

　　專家懂得在適當時間問適當的問題，事實上，他們對每一類客戶都會提問相同的問題，客戶雖然不同，但是同一類客戶的問題、需求的致命弱點都差不多。冰凍三尺非一日之寒，銷售高手之所以能提出優質的問題，是因為他們閱人無數，在銷售溝通中不斷地累積每一類客戶所關注的問題，長時間累積下來，就形成了一套祕笈。下一次見到同行業類似的角色，就知道該怎麼提問了。如果你是一個行業新人，你沒有時間和經驗的累積，有沒有速成的絕招呢？把自己放低一些，向客戶和產業內的高手請教，虛心了解客戶需要什麼，看看高手是怎麼提問的，把這些問題列出來、整理好、反覆練習，這樣你就可以像專家一樣去提問了。在模仿中成長，建立專業的信任度，核心就是要像專家一樣提出問題。

2. 撥雲見日的問題

　　今天，客戶最緊急的需求是什麼？他們最想得到的是什麼？答案已經不是銷售員手裡的產品，而是他們的智慧思想。客戶希望銷售員能給他們帶來新的機遇，開闢一片藍

海，教給他們新的方法，從而讓他們省錢降低成本、賺更多錢、管理公司、教育員工、實現銷售目標等。客戶需要的不是只會墨守成規的銷售員，而是能挑戰他們的傳統思維，帶來切合實際的獨特見解的銷售員。智慧源自多角度的視野，能力來自更多的選擇，而獨特的見解來自於時空角的轉換。下面分享一下我在 OOO 蓄電池做策劃的兩個案例。

汽車蓄電池品牌的崛起點在終端。汽車修理廠的修理員對蓄電池的推介非常重要，所以蓄電池之爭，最終還是要回到終端戰場，即汽車修理廠和快修店等，因為他們主要面對的是車主。中國汽車維修企業註冊登記的大約有 30 萬家。「天下武功，唯快不破」有沒有辦法一個月之間讓 OOO 的海報遍布終端？

我們去思考一件事情，如果陷入「此時、此地、我自己」這樣的框架中，就很難突破，靠我們自己的銷售團隊的力量，1 年能做 2 萬家終端已經很好了。如何打破這個框架，有沒有什麼人（變換角度）可以幫助我們去「多快好省」地做到呢？當我們把時間、空間、角度的框架扯開，我們很快就發現每個省的汽配雜誌，他們的客戶和我們的客戶是重疊的，那我們就可以在雜誌上打廣告，讓他們在派發雜誌的同時，順便幫助我們在終端張貼海報。海報張貼好了，我們的經銷商再去修理廠等終端談合作，就輕而易舉了。透過這個方法，OOO 這股勁風迅速吹進了幾萬家終端。

變換時間、空間、角度去看一件事情，就會產生獨特的見解。水果不及時賣出去會爛掉，「現在、在水果攤、面對這些客戶」賣不出去或者要打折。靈活的人就會變換「時空角」，把快爛的水果去皮切成塊，用一個漂亮的果盤包裝好，高價錢送到酒吧、KTV（換空間）賣掉。所以，打破自己的思維框架，「時空角」一換，財富自然來。

好的產品、服務只是基礎，要想讓自己脫穎而出，靠的不是這些，而是獨特的視野、創新的觀念。功夫在詩外，銷售成敗在產品銷售之前已成定局。要想提出獨特見解，除了要學會轉換時空角，還要比客戶自己更了解他的處境、致命弱點。比如，你向企業銷售設備，你可能對這個企業的管理並不了解，但是你一定要對這家企業的設備訊息比客戶更精通；你銷售汽配產品，你一定要比汽配經銷商更了解汽配產業的商業模式、盈利模式。

創新式問題怎麼問呢？寒暄暖場，獲得客戶許可後，直接拋出獨特見解，引起客戶的共鳴和關注。這些獨特觀點最好是同行業其他公司或者同類公司的案例，描述他們遇到的困境，以此為起點，徵求客戶意見，確定他的興趣度。運用這種「從眾策略」，讓客戶實實在在地感到：我遇到的問題，別人也遇到了，而且也得到解決了，這真是一個好消息。

　　OOO 蓄電池 2008 年上市，剛開始起步沒有客戶，那就要從別的經銷商手裡搶客戶。當時的市場可謂是「烽煙四起，一片紅海」。某某品牌透過「品牌影響力和低價格」迅速搶占了中端市場，國際品牌高質高價壟斷大城市，國內大批低質低價品牌「農村包圍城市」；前有猛虎，後有群狼，局面異常嚴峻。每當 OOO 公司的銷售人員聯繫客戶，向他們介紹了產品的優勢之後，客戶總會回答：「我現在已經有類似的品牌了，而且價格很便宜。」

　　當我繪製了「OOO 客戶價值布局圖」（見第一章 精心準備）後，大家眼前一亮，突然意識到，銷售人員所有的策略應該以客戶為中心，而不是以自己產品的優勢為中心。相比客戶本身，我們自然對蓄電池市場行銷的各方面訊息更為了解：雖然有些客戶經銷某某品牌，是因為某某品牌「影響力大，價格便宜」，銷售時比較容易，但是他們的區域得不到保護，利潤很低，經銷商成了「高級搬運工」；有些客戶經營中低端品牌，雖然價格便宜，但是品質得不到保證，產品的不良率很高，增加了很大的售後負擔和風險，所以最終並不能節約成本，反而會增加他們的成本。

　　客戶在經營產品時，最關心的要素是：賺取高利潤、區域保護、產品品質、市場支持。OOO 把策略重心放在這四個方面，就會徹底顛覆客戶的傳統思維。以這個想法為基礎，

OOO 的銷售團隊開始著手設計一套全新的商業指導，主要包括兩方面：

第一，給客戶講述一個全新的「商戰領袖故事」。

公司的行銷部和市場部設計了一套方案，將客戶需求引向自己獨特的優勢。主要解釋「幫助客戶賺取利潤」、「區域保護」、「產品品質」、「市場支持」這樣的一套方案，足以引起客戶感情上的共鳴。

第二，為客戶開設了一系列《賣出高利潤》的研討會，主要幫助客戶公司化運作，提升銷售業績，開源節流。所有的內容都是以如何讓客戶「賣出高利潤」為核心。客戶對研討會反應強烈，有的客戶說：「以前我的利潤很低，憂慮得晚上睡不著，現在我終於找到好的策略了！」他們從研討會學到了一些可以落地的有價值的思想策略。

OOO 透過分享有價值的獨特觀點獲得了巨大的成功，設計方案時不能以自己為中心，而是以客戶的需求致命弱點為中心。

銷售員如果遇到資金不是很充足、做蓄電池產業時間不長的經銷商，就可以問「創新式問題」：「我們有很多客戶和您的情況差不多。想代理一個蓄電池品牌，卻對如何選擇蓄電池品牌很茫然，也不知道如何運作市場。我們總結了一下，當前市場品牌有三種類型：

1. 知名品牌：不做區域保護，價格透明，利潤低。資金壓力大，任務量讓人喘不過氣。稍有不慎，就會被取消代理。

2. 只賣產品，不做市場：低質低價，一沒思路、二沒資源、三沒能力，最終被市場無情淘汰。

3. 明日之星：暫時規模不大，知名度不高，但是市場定位精準、打法靈活、市場管理規範、銷售團隊執行力強。對於資金不是很足、代理蓄電池經驗不多的經銷商來說，明日之星類是代理的首選。你怎麼看？」

透過闡述創新的觀點，你在向客戶表明：我理解你的處境，我會給你帶來價值。客戶永遠在找如何讓他更好經營公司的方法，銷售員這麼一說，正好是雪中送炭。這些創新的觀點是在我們拜訪客戶之前就準備好的，如果想臨場發揮，那就只能是碰運氣了。有價值的全新觀點是怎麼煉成的？是大量的行業經驗和調查研究累積出來、提煉出來的，要注意兩點：

1. 行業訊息的全面性：透過各種途徑（網路、行業雜誌、行業標竿企業資料等）收集行業訊息。

2. 行業訊息的邏輯性：將訊息壓縮，寫出提綱，練習表達。

三、
挖掘致命弱點的三個方法

我們透過問診斷式問題建立了專業信用之後，就可以拓展提問的範圍了，以便發現客戶需求的致命弱點。對於診斷式問題，客戶回答起來很容易，幾乎不用動腦。但是客戶對這類問題的容忍度很低，因為它的價值低，客戶幾乎無法從中得到有價值的東西。所以，當我們確定自己已經在客戶面前建立信任度了，就立即轉入致命弱點類問題，挖掘客戶的致命弱點，推動銷售進程向前走。

致命弱點類問題比診斷類問題價值更大，只有找到了客戶的致命弱點，你才能針對他的致命弱點提出解決致命弱點的方案。這需要我們提出更多有品質的、有價值的致命弱點類問題，只有這樣，我們才能發現更多的銷售機會。提出問題、發現問題是解決問題的前提。

只有當客戶充分意識到自己有某些致命弱點之後，他才有可能去尋找解決致命弱點的方案，並在各種方案中做出對自己最有利的選擇。所以你挖掘的客戶致命弱點越多，你的方案或產品就會越有價值，客戶就越無法拒絕你。

挖掘致命弱點有三個方法：

需求的致命弱點來自於煩惱（痛苦）和欲望（渴望、夢想、期望）兩方面，所以幫助有煩惱的客戶解決煩惱，幫助

希望改變現狀的人實現願望，從這兩個方法入手將迅速發現機會。

還有一種方法，是用「動力窗」試著探詢客戶致命弱點。還記得嗎？有的人是受正面因素（行動的好處）推動的，而有的人則是受負面因素（不行動的代價）推動的。銷售員想讓顧客行動——做出購買的決策，就要幫助客戶打開「行動的好處」和「不行動的代價」。這個方法能讓銷售機會增加一倍。

1. 問痛苦（煩惱）

如果客戶正面臨著挑戰和問題，直接用這個方法就很有效果。有煩惱有問題，就要想辦法解決，而且還要預防將來可能會發生的問題。

舉例如下：

「現階段您公司遇到的最大困難是什麼？」

「機器設備的穩定性如何？」

「有哪些原因讓團隊士氣低落？」

「業務不穩定的主要因素是什麼？」

診斷式問題已經讓我們建立了專業信用，所以提問時，可以把範圍適當放寬，和客戶一起找尋他們潛在的問題。但是很多時候，客戶有痛苦的原因並不一定是煩惱。

2. 問期望（夢想、渴望）

另外一種方法就是探求客戶的欲望，尋找現實與理想之間的差異，挖掘致命弱點，從幫助客戶解決問題轉化到尋找客戶的問題。同時，推演預測，洞察客戶接下來會有什麼樣的行動。

史考利（John Sculley）是百事可樂公司老闆的女婿，在他 38 歲時就成為百事可樂最年輕的總裁。他的人生事業順風順水，應該說是很滿意的。賈伯斯（Steve Jobs）想把這樣一個在百事可樂賣了這麼多年飲料的高層挖走，他用的是什麼策略呢？就是那個著名的封閉式問題：「你究竟是想一輩子賣糖水，還是希望獲得改變世界的機會？」這句話像一記重拳一下子擊中了史考利的致命弱點，為了證明自己的成功靠的不是裙帶關係，他毅然放棄百事可樂，跟著賈伯斯一起創業去改變世界。

在我的培訓課堂上模擬了一個「把冰箱賣給愛斯基摩人」的案例，愛斯基摩人生活在北極，那裡是冰雪的世界。將冰箱賣給愛斯基摩人，就像把梳子賣給和尚一樣。愛斯基摩人真的不需要冰箱嗎？下面我為各位演示一下。

我：「您好！愛斯基摩人。我是北極冰箱公司。這次拜訪您，是想向您介紹一下北極冰箱給您和您的家人帶來的好處。」

愛斯基摩人：「我們這裡天寒地凍的，缺少溫暖，缺少陽光，就是不缺電冰箱！我不需要，謝謝！」

我：「是的，先生。看得出來您也是一個注重生活品質的人。能否告訴我您平時怎麼儲存食物呢？」

愛斯基摩人：「很簡單，我們把打獵來的獵物隨手扔在地上，頃刻就會全部結冰，也不會變壞腐爛，所以不需要冰箱！」

我：「您說得非常正確。您的房間裡正常溫度是多少呢？」

愛斯基摩人：「攝氏零下 20 度吧。」

我：「這麼冷啊！您的食物在這麼冷的房間裡一定會凍成冰塊吧，那您做飯時，這些食物怎麼解凍呢？」

愛斯基摩人：「燃燒動物的皮毛加熱解凍啊。」

我：「哦，您有沒有發現這樣會浪費很多能源呢？」

愛斯基摩人：「當然會消耗能源，但是也沒別的辦法啊！」

我：「您有沒有感覺到，食物凍成冰塊，就失去了食物本身鮮美的味道了？」愛斯基摩人：「是的。」

我：「是的，先生。現在請您設想一下，如果把食物放在攝氏溫度 4 度的冰箱裡，第二天早上，您發現冰箱裡的食物不但沒有結冰，而且乾淨、新鮮、美味，您覺得怎麼樣？」

愛斯基摩人：「嗯，這聽起來不錯。」

我：「如果您剛從外面打獵回來，回到您攝氏零下20度的房間，這時，把您麻木的雙手伸進攝氏五、六度的冰箱冷藏室，請您想一想，有什麼感覺呢？」

愛斯基摩人：「我感覺我的血液會漸漸復甦吧。」

我：「假如您現在在這份協議上簽上您的名字，今天晚上您和您的家人就能享受到北極冰箱給您帶來的這些好處了。」

透過和愛斯基摩人一起分析，幫助愛斯基摩人認知到自己的潛在需求，從而創造出了他購買冰箱的需求。提問分成兩部分：診斷類問題＋期望類問題。

首先問診斷類問題：

「能否告訴我您平時怎麼儲存食物呢？」

「您的房間裡正常溫度是多少呢？」

「食物怎麼解凍呢？」

這幾個問題了解到愛斯基摩人的一些重要訊息：儲存食物的方法是把獵物隨手扔在地上，就會全部結冰。等做飯時，再燃燒動物的皮毛解凍。

「您有沒有發現這樣會浪費很多能源呢？」

「您有沒有感覺到，食物凍成冰塊，就失去了食物本身鮮美的味道了？」

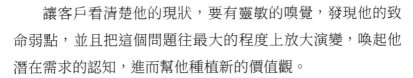

讓客戶看清楚他的現狀，要有靈敏的嗅覺，發現他的致命弱點，並且把這個問題往最大的程度上放大演變，喚起他潛在需求的認知，進而幫他種植新的價值觀。

其次問期望類問題：

「是的，先生。現在請您設想一下，如果把食物放在攝氏溫度 4 度的冰箱裡，第二天早上，您發現冰箱裡的食物不但沒有結冰，而且乾淨、新鮮、美味，您覺得怎麼樣？」

「如果您剛從外面打獵回來，回到您攝氏零下 20 度的房間，這時，把您麻木的雙手伸進攝氏五、六度的冰箱冷藏室，請您想一想，有什麼感覺呢？」

診斷類問題已經可以讓客戶意識到一些問題的存在。透過期望類問題問出客戶期望和現狀之間的距離，了解客戶的欲望，徵求他的態度，強化客戶對改變現狀的想法。這是客戶做出改變的關鍵。

這兩個問題一前一後，就像下象棋，診斷類問題是「炮架」，期望類問題是「炮」，有診斷類問題做炮架，我們才能用「期望類問題」擊中客戶的致命弱點。

銷售員和客戶會談中，提的問題一定要衝擊到客戶的致命弱點（「關心的事」、「感興趣的事」等），愛斯基摩人一定會對「節約能源」、「讓食物保持新鮮美味」這些事感興趣。

　　比如我們見到銷售主管，可以問：「您現在的銷售業績成長率怎麼樣？」客戶一般都會告訴你一個簡單的訊息，你可以繼續提問：「您希望把業績成長率提升到什麼程度？」如果見到公司老闆，你可以問：「您現在的銷售成本是多少？」接著再問：「您希望把它降到多少？」

　　問問題要問到客戶的心坎裡，如何能提出和客戶產生共鳴的問題呢？我們在每一天的銷售中，要不斷地總結。比如，今天我見到了一個客戶，在他所在的位置上，他都關心哪些事情、他會有哪些挑戰、他會有什麼目標，他所在的部門有什麼問題。多做，多練，這樣堅持下去，一定會慢慢沉澱出一套自己的武林祕笈。

3. 動力窗

　　有的客戶對好處感興趣，比如：軟體輸入省力、操作簡單、業績成長、獲得上司表揚；有的客戶希望避免損失，比如：省了多少錢、降低了成本等。這些購買動機是不同的兩個方面，客戶都是被好處和代價兩方面影響的，從這兩方面去挖掘致命弱點，就會有更多機會。

　　動力窗是很好用的銷售利器，我們來分析一個案例：

　　在汽車蓄電池這個產業市場占有率最高的品牌是××，OOO 蓄電池的定位是「城市轎車蓄電池領航品牌」，價格比××高。一位老闆很想做 OOO 蓄電池 A 城市的代理，但他

說你們的產品沒有 ×× 影響力大，卻比它還貴了，希望能便宜些。

這個時候，如果你說我們不貴，我們的產品性能比它好，形象比它上檔次，保固時間比它長。這就是把對方推開了，並沒有接納。那麼，應該怎麼說呢？

我：「是的！我們這個品牌確實有點貴，因為我們的定位是『城市轎車蓄電池領航品牌』，透過高品質的產品增加客戶的競爭能力，像您這樣的老闆總不會去經營那些品質一般的產品吧！（給他一個身分定位，降低他的抗拒）而且我們有整個系統去支撐這個定位。」

客戶：「是啊！你說得也有道理，不過，還是太貴了，你的很多型號比 ×× 都貴，人家知名度比你大。」

（這個時候，如果你說 ×× 有多麼差，沒有區域保護，品質一般，行銷死板，怎麼能讓你營利呢？這樣你又是把別人推開了。同時，你的話讓他看到跟 ×× 的代價。而人是有防衛系統的，你一說跟 ×× 不好，他就會啟動防衛系統，抗拒你。那麼，應該怎麼說呢？）

我：「是的，跟 ×× 比是貴了點，那您做生意這麼久了，還沒有做 ×× 的 A 城市代理，我想知道 ×× 有哪些無法滿足您的要求呢？」（打開一扇「代價的窗口」）

客戶：「×× 在 A 城市有 3 家代理，給錢就發貨，沒有

區域保護，做它的代理商哪有錢賺啊。」

我：「哦，沒有區域保護，除了這個，還有呢？」

客戶：「××只注重銷量，現在品質也不如以前了。」

（可見，所有的「代價」是對方說的。這就是打開一扇「代價的窗口」。那如何打開一扇「好處的窗口」來說我們OOO的好處呢？）

我：「老闆，你現在有意願跟我們合作，是嗎？」

客戶：「是的！」

我：「那我們品牌的哪些地方吸引了你的關注呢？」

客戶：「我有個老鄉在B城市賣你們的產品，他說你們的產品品質穩定，保固18個月，不良品很少。」

這時要「穩紮穩打」，繼續擴大戰果。

我：「還有呢？」

客戶：「你們請明星做代言，在行業內影響力很大。」

繼續問：「除此之外呢？還有什麼呢？」

客戶：「你們的區域保護做得很好！」

這個老闆講完後，他還是不忘原來的目的。還是圍繞著價格說：「話是這樣說，其實你們還是貴了，能不能便宜？」

（這個時候，我們還接不接這個話呢？如果接就會上當，不接也不行。那麼怎麼說呢？）

我：「對呀，老闆，我們做生意的目的是什麼呢？代理

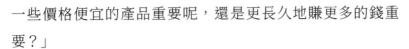

一些價格便宜的產品重要呢，還是更長久地賺更多的錢重要？」

客戶：「也是。」

於是這筆生意談成了。

我們要說服一個人，如果你直接告訴他該怎麼辦，他會有一個自我防衛的反彈。最好的方法是用動力窗，直接走進他的心靈世界，讓他自己成交自己。

我們在引導客戶看到「代價」或「好處」時，一定要用中性的詞語。一旦有好或者壞的評價時，人就會警覺，並觸發他的防衛神經，與你對抗。如果你說：「老闆，你現在還沒有跟 ×× 合作，那 ×× 有哪些不好的地方呢？」客戶一定會跟你對抗說：「也沒有什麼不好。」

四、
下切上推平行，全方位挖掘致命弱點

我們前面已經了解了尋找客戶致命弱點的重要性以及如何來找到客戶的致命弱點，我們還必須要上下左右全方位挖掘客戶的致命弱點。只有讓客戶意識到足夠「痛」，我們成交的機率才會越來越大。全方位挖掘客戶需求有兩個方向：下切和上推是縱向，目的是為了讓需求更清楚、更透澈；平行是橫向，為了讓需求更完整、更全面。

先從縱向的三個層次開始提問：

1. 先問客戶需求是什麼（找致命弱點）

假設你是手機銷售人員，現在面對一個潛在客戶，你會問：「您買手機時，最關注哪些方面呢？」這時，客戶回答：「價格。」這就是他需求的一部分。

2. 具體指什麼（下切式提問）

客戶的回答顯然不夠具體，這時就要運用「下切式提問」把他的需求具體化，你可以問他：「請問價格在什麼範圍呢？」客戶回答：「四千。」

3. 什麼原因（上推式提問）

接下來，你就要乘勝追擊，透過「上推式提問」探求客戶的價值觀（即購買動機），理解客戶為什麼有這個需求，

更深層次地挖掘他的「致命弱點」，從而發現更大的商機。你可以問：「您是出於什麼原因考慮購買四千元價格的手機呢？」客戶回答：「公司只報銷四千啊。」這裡就可能出現商機：還有其他同事也有購買需求嗎？可能團購嗎？或者，客戶再加 1,000 元，就可以買到更高配置的手機了……

縱向挖致命弱點一定是建立在和客戶有更深的信任和更深的情感連接基礎上的，否則沒有辦法深入挖掘。

縱向挖完一個致命弱點，再運用「平行式提問」橫向挖出其他致命弱點，我們可以用「除了這個，您還有什麼關注的呢？」、「還有呢？」等問題，直到挖掘出客戶更全面、更完整的需求。

下面我們再結合一個具體的銷售場景，教你如何掌握「下切上推平行深挖」的祕訣。

假設你是一名蓄電池的銷售員，這一天，你要去拜訪一位經營門市的客戶。

經過簡單的寒暄後，你就詢問起了蓄電池產業的情況。

你問道：「您做蓄電池產業這麼久，對於您來說，您選擇品牌最關注的是什麼呢？」

客戶答道：「我最關心的是服務和帳期！」

透過這種開放式的提問，我們了解了客戶最關注的問題，可是僅僅做到這一步還是不行的，我們還需要對客戶回答的內容進行下切式提問，了解客戶對所期望的服務和帳期

的具體要求是什麼！

於是，我們可以這樣接著提問：「在您看來，什麼樣的服務才能夠稱得上滿意？」

客戶答道：「對客戶需求的快速反應！」

「您是出於什麼考慮，對這一塊的內容尤其關注呢？」

經過這兩次的提問，相信我們已經可以非常準確地了解了客戶的「痛」點為什麼是服務的深層原因，這對我們後期幫助他解決這種「痛」點是非常重要的。

也許有人會有這樣的疑問。客戶的「痛」點是服務和帳期，你為什麼只問服務呢？這是因為，如果客戶的「痛」點同時多個存在的時候，我們一定要分開來解決。這既是為了幫助我們更好地解決問題，也是為了能夠體現對客戶每一個問題的重視。

這時你接著問道：「剛才您還提到了帳期的問題，您出於什麼考慮要求更長的帳期呢？除了現金流，您還有其他考量嗎？」

如果客戶的回答不足以讓你對客戶期望的帳期有一個判斷的話，就可以運用一些封閉式的提問，比如說：「您期望的帳期具體是多長呢？」來得到客戶具體時長的回答。

提問到這裡，我們對客戶的兩個需求已經有了一個詳細的了解。接下來，我們還要平行挖出其他需求。

你繼續詢問客戶：「除了服務和帳期之外，您還關注什麼？」

客戶回答：「品牌。」

得到客戶這樣的回答之後，我們就可以繼續採取前面提到的「下切上推」的提問方式，來從客戶口中得到更多的訊息。

問：「您認為好的品牌有哪些特徵呢？」

答：「知名品牌的品質好。」

問：「您非常關注品牌的品質，那您覺得好的品質具體體現在哪些方面呢？」

在這裡我們需要注意，有些客戶可能會尤其關注價格。因此他們會這樣回答：

「我覺得最重要的是價格，品質好，價格低。」

這時候我們就可以這樣接話：「您關注的是一個性價比較高的產品，那您關注蓄電池品質的哪些方面呢？」

在商談中，我們一般把談價格放在最後，對方不談及價格，你也不要先透露。這時候，可以框在一個市場基本價格。同時，慢慢地從價格問題過渡到性價比的問題。

透過這個具體的銷售實例，你是否已經掌握了「上推下切平行深挖」的技巧？除了我們可以在底下多做模擬訓練之外，還需要我們多在實戰中累積經驗。

五、
使用槓桿問題，讓客戶現在就需要

槓桿類問題是用來探求客戶的內心感受，並激發客戶的情緒和動力。

找到客戶致命弱點還不夠，還要把致命弱點放大，因為解決致命弱點是要付出成本的，致命弱點不大，人是不願意付出成本的，不會那麼迫切地需要解決。這時，我們就要再火上澆油地提高他採取行動的迫切程度，把小致命弱點引申到大致命弱點上來（有問題不一定購買，大問題才會購買）。

客戶認知到了自己的致命弱點，比如一個人得了感冒，對他來說「去醫院」的需求急不急？不急。但是如果他得的是肺炎，急不急？若 600 元看這個病要不要看？他馬上跑著去醫院，對嗎？所以問題不嚴重，客戶不行動。只有那些正在被煩惱和欲望折磨得無法喘息的客戶才會產生「現在就需要」的購買決定。

可能是出於煩惱，也可能是因為欲望，只要客戶對自己的現狀感到不滿意，「現在就需要」的需求就產生了。銷售高手會有意識地讓客戶看清他自己的世界，並帶他去一個未來的美好世界，將客戶的潛在需求轉換成「現在就需要」的需求。就是我們常說的「把馬帶到有水的地方，不是強迫馬喝水，而是讓馬口渴」。緊迫性會讓客戶現在就需要，需求

越緊迫，他解決問題或實現願望、滿足欲望的動力就越大。

以銷售電腦系統為例：

客戶會遇到一個煩惱就是「系統崩潰」，所有人都想避免這樣的問題發生。那麼銷售員就要把它放大，設計槓桿類問題：

「如果您正在工作，您的電腦系統崩潰了，會發生什麼事情？」

「如果整個公司系統崩潰了，一天要損失多少錢？」

「老闆怎麼看待系統崩潰這件事？」

「你和你的同事如果文件沒保存下來，將會有什麼影響？」

客戶透過回答這些問題，會覺得「系統崩潰」帶來的負面影響越來越多，他就會越來越強烈地要求解決。

對於客戶的每一個致命弱點，都應提出一系列槓桿類問題以清晰客戶到底有什麼想法、情緒和感受。一定要搞清楚每一個致命弱點對客戶業務和個人都有多大的影響。一旦你成功地放大了一個致命弱點，那麼繼續重複相同的步驟，利用槓桿類提問再擴展另一個致命弱點。

槓桿問題也可以結合著「動力窗」來運用，有兩種模式：①快樂好處模式：如果是（做到）……會產生……②痛苦代價模式：如果不是（做不到）……會產生……

　　某客戶一直對是否經銷 OOO 蓄電池猶豫不決，OOO 銷售員在上我的課程中，學到了這項技能。下次去拜訪客戶，在和客戶溝通過程中找到了客戶的兩個「痛」點：① 希望供應商能及時送貨，一個電話貨就送到。② 希望供應商做好售後服務，七天內處理好不良品問題。而這兩個致命弱點都是我們能解決的。

　　他就問客戶：「李總，如果您的供應商送貨不及時，不知道對您的生意有什麼影響啊？」（痛苦代價模式）

　　客戶沉默片刻說：「如果供貨不及時，那我這生意就泡湯了，車主說走就走，他可不會等你啊！」

　　接著他又問客戶：「如果能給您快速處理不良品，對您的生意有多大幫助呢？」（快樂好處模式）

　　客戶高興地說：「那就會加快資金流轉啊！提高資金利用率啊！」

　　OOO 銷售員成功地運用槓桿問題的兩種模式，激發了那個客戶對這兩種需求的急迫性，最後順利成交。同理，第 1 個致命弱點也可以用動力窗的「快樂好處」模式：「李總，如果您的供應商送貨及時，對您的生意有多大好處啊？」第 2 個致命弱點也可以用動力窗的「痛苦代價」模式：「李總，如果給您快速處理不良品時間過長，對您的生意有什麼影響呢？」

六、
客戶六項訊息問題圖譜

　　為了幫助大家對客戶的致命弱點有清楚、完整的了解，提出有重點、有價值的致命弱點類問題，我們整理了一個六項訊息問題圖譜，六項問題包含了診斷類問題、致命弱點類問題、槓桿類問題，既可以幫助大家構建問題，又可以查缺補漏。下面為大家介紹這個全方位搜尋客戶六項訊息的利器，幫助人家建立起客戶的訊息全景圖，進而對客戶的需求有清楚、完整和有共識的了解。

- ⊙ 客戶公司：需要解決的問題、面臨的機遇、公司的問題、如何提升競爭力？
- ⊙ 採購者個人動力：他如何取得成功？他的個人、工作目標？他對這件事的看法？
- ⊙ 客戶財務：如何省錢、賺錢？預算範圍、預算制定流程。
- ⊙ 競爭對手：競爭對手是誰？客戶的偏好（價格、性能、服務）。
- ⊙ 客戶決策：有哪些決策人？決策相關人員都有誰？參與決策人有哪些？決策的流程？
- ⊙ 客戶市場：市場占有率、市場定位、業績成長率、老客戶占比、人均銷售、銷售團隊。

1. 客戶公司訊息

不管是尋求商業夥伴還是向客戶銷售商品，對客戶公司的情況進行簡單的了解都是最基本的一項工作。而在公司整體營運情況中凸顯的一些問題，很可能就是制約客戶和我們成交的「痛」點，因此，這方面的訊息我們不能不有所了解。

對於客戶來說，如果對我們的產品產生了需求，無外乎就是有兩個方面的原因：我們能夠幫助其解決一些問題，或者是我們能夠為其提供一次向前發展的機遇。

了解了這一點，銷售員在向客戶提問的時候就有了側重點。應該重點了解的客戶訊息是：「您的公司如何在競爭中取勝」、「您的公司是如何來賺錢的」、「您覺得採取什麼樣的措施能夠增加你們公司的競爭力」等。

當然，在面對大客戶和個體客戶的時候，因為公司規模的不同，可能出現的問題也不同，銷售員需要在此基礎上進行適度的調整，進而確保能夠準確地了解到客戶的公司訊息。比如說如果我們遇到的客戶是大客戶，我們可以這樣提問：

「在選擇蓄電池的供應商時，您通常會考慮哪些要素？」

「您認為這些要素的重要性如何？在目前情況下，您最關心的是什麼？」

「您還有什麼其他問題要解決嗎？」

「現在，你們正面臨著哪些機遇呢？貴公司為這個項目設定了什麼樣的目標呢？」

「您認為，貴公司在做這項決策時主要考慮哪個因素？解決這個問題能在多大程度上提高貴公司的競爭力？」

對待這些大客戶，銷售員提的一些問題一定是關於客戶公司全局性的問題，而不是僅僅侷限於細節的問題。如果客戶的「痛」點隱藏在這方面，銷售員也完全可以透過一些問題及時地了解到。然而，如果我們面對的是一些個體客戶，就需要改變一下提問的內容，比如說，我們可以這樣提問：

「您做這一行有多少年了？我看您生意不錯啊，您一年蓄電池營業的利潤如何？」

「您的店面規模怎麼樣？想不想再發展一下。」

「有多少下線客戶？代工業務的情況怎麼樣？」

「有沒有那些像大型用車公司這樣的大客戶？」

經過類似於這樣的一些精短的提問，既拉近了我們和這些個體客戶的距離，又能夠了解到他們經營中的實際情況。

2. 採購者個人動力訊息

除了需要了解客戶公司的整體情況之外，我們還需要了解客戶採購的個人動力來源，有助於銷售員從心理因素著手說服客戶。

想要了解客戶本身，我們需要注意的方面有：客戶的態度是什麼樣的？他想要一個什麼樣的效果？客戶取勝的方式是什麼？只有深入地了解了客戶的這些訊息，才能確保我們從客戶的身上順利地打開缺口。因此，我們可以這樣詢問客戶：

「在您這個職位上，您都關心哪些問題？」

「在這個項目裡，您為自己設定了哪些目標？」

「如果達成這些目標，對您有什麼意義？」

「如果達不成這些目標會有什麼結果？」

有一個開跆拳道館的，剛開始他總是招不到學生。在這之前，他一直採取的就是兩種招生方式：一種是銷售給父母，因為父母想要孩子有更好的紀律性，並且可以同時鍛鍊身體；另一種是銷售給孩子，孩子想要的是很酷的感覺，可以學到一些一般人做不到的技巧，比如用手劈木塊、快速高抬腿等。

用第一種方式招來的學生，學了不到一個月後就放棄了。而第二種方式招來的學生，沒過多久就被家長領了回去。

在學習了我的「銷傲江湖」課程之後，他慢慢學會了運用很簡單的方式來同時銷售給父母和孩子。他是這樣做的：

首先，他會問父母：「我很好奇，你想從跆拳道館這裡給孩子帶來什麼益處？」

父母就說：「我希望孩子更有紀律性，而且養成鍛鍊身體的好習慣。」父母通常這樣回答道。

其次，他會問孩子：「我很好奇，你學跆拳道是為了什麼？」

而孩子則通常會說：「想要學會某種很酷的動作。」

詢問之後，他就會帶著父母和孩子參觀學校。讓父母去和那些在旁邊觀看他們孩子上課的父母交談，讓父母自己去詢問上課的效果。同時，他也讓父母去和班上的一些同學交流。那些同學原來的表現是什麼樣的，而後透過學跆拳道變化很大，開始表現得很好。

同樣的道理，他會帶孩子去觀看其他孩子上課的情況、旋轉踢腿的照片以及玩遊戲的場面。

就這樣，父母和孩子很自然地都被他說服了。而後，他又會在現場對父母有一個現場提前預付款的優惠政策，很多父母最後都是高高興興地替孩子交了學費。

透過這個故事，我們可以看到這個跆拳道館的經營者是如何區別對待父母和孩子的購買動機的。

3. 客戶財務訊息

不管客戶有多麼強的採購意願，如果沒有資金的支持，同樣達不到預期的採購目的。因此，了解客戶這方面的訊息，對銷售員來說都是一項最基本的內容。

在詢問這方面的訊息時，我們主要有三個方面的內容需要了解，包括：客戶的資金情況，客戶的預算情況，還有一些可能出現的突發情況的說明。鑑於客戶的資金規模有所不同，因此，我們在提問的時候也需要區分大客戶和個體客戶。

面對大客戶，我們可以這樣提問：

「要完成這次採購，您的預算情況如何？」

「如果需要調整預算，需要走什麼樣的流程呢？」

「方案確定後，需要走什麼樣的流程才能申請到採購預算呢？」

「為了完成這次採購，您還需要考慮哪些問題呢？」

面對個體客戶的時候，我們可以這樣提問：

「您運作一個品牌需要多少資金？」

「每個月保持多少庫存？」

「下線客戶有多少欠款？」

「有無現金帳，有無銷售報表，是否執行收支兩條線？」

4. 競爭對手訊息

正所謂商場如戰場，有時候競爭對手的一些情況，能夠成為影響客戶需求程度的直接因素。因此，銷售員在尋找客戶「痛」點的時候，絕對不能忽略自己競爭對手的訊息。正

所謂「知己知彼」，一個合格的銷售員也一定要對自己的競爭對手有一定的了解。

當然，在和客戶的交談過程中，仔細地了解自己的競爭對手的同時，更要知道客戶對於競爭對手和自己的態度。因此，我們的提問需要得到下面這三個問題的答案：我是否有競爭對手？客戶比較中意誰的產品？我有沒有機會打敗自己的競爭對手？

因此，在大客戶面前我們可以這樣詢問：

「關於這個項目，您還在考慮其他供應商嗎？」

「那麼您最看重的是哪家呢？」

「您最喜歡這家供貨商的哪個方面呢？」

「關於改進，您認為他們可以在哪些方面來改進您的產品和服務呢？」

「跟其他供應商相比，您覺得我們的產品如何？」

面對個體客戶我們可以這樣詢問：

「您代理的品牌不少呀，哪一家和您合作得最好？」

「您看在這個產業，哪家公司是比較優秀的？」

「現在和您合作的這個品牌一年可以賣多少？」

「這個品牌在當地有幾家經銷商？」

「這個品牌受歡迎程度怎麼樣？」

不管是以上的哪種提問內容，我們都不要直接地詢問客

戶關於自己和競爭對手之間的對比，但是我們可以透過客戶的回答去整理出自己的答案。這種含蓄的提問技巧，是一個優秀的銷售員應該掌握的。

5. 客戶決策訊息

客戶是怎麼最終做出決策的？影響客戶決策的因素又有哪些呢？

銷售的過程中隨時會有一些意外情況發生，因此，對於客戶的決策訊息，包括決策的時間表和影響決策的因素，銷售員都要有一定的了解。

透過了解客戶決策的時間表，我們可以判斷客戶決策的緊迫程度。因此，我們可以這樣詢問客戶：

「王總，您好！我能了解一下您這邊大致的進度安排嗎？」

「如果您這邊未能如期完成，您接下來將會怎麼處理？」

透過這兩個提問，讓銷售員既對當下的情況有了一定的了解，同時又得到了客戶對一些突發情況的解決辦法。

了解了決策的進度，我們還需要對影響客戶決策的因素進行分析，主要包括：客戶是不是最終的決策人？還有哪些人參與決策？最終是如何做出決策的？鑑於這種目的，我們可以這樣詢問客戶：

「除了您，還有哪些人會參與決策呢？」

「在您選擇了某產品或供貨商之後，貴公司有誰能否決您的決議呢？」

「請問您這邊最終由誰來批准這筆採購資金呢？」

如果銷售員能夠正確地採用這些提問方式，最終掌握客戶的決策訊息將會是易如反掌。

6. 客戶市場訊息

JJ 諮詢在幫一家企業的銷售團隊做培訓之前，做了詳細的研究，並針對他的市場提出以下問題．

「您公司的員工中，銷售人員占比是多少？」

「人均銷售額有多少？」

「三年以上的老客戶有多少？」

「老客戶一年流失多少？」

「業務成長率是多少？」

「丟單的主要原因是什麼？」

「產品的市場定位是什麼？」

「在競爭中採用了哪些策略？」

「銷售成本如何？利潤如何？」

透過這幾個問題，為這個企業把脈，迅速找到他的致命弱點，並提出解決方案。

倘若銷售員能把這六項訊息問題圖譜記在腦海裡，提問時，就會胸有成竹，一定能夠構築出客戶訊息的全景圖。

七、
善用反問，洞察客戶話語背後的動機

有一位學員張小姐，在正式培訓之前，和我講述了她的經歷：

她去見一個非常重要的客戶，在這之前，她做了非常仔細的準備。除了整理了一些客戶以及產品的資料外，她還對整個和客戶見面的流程進行了設計，包括：先找到和客戶契合的話題，然後慢慢地引導客戶到產品上面，之後進行詳細的產品介紹，最後再和客戶商定價格。

客戶見到她之後，還沒等到她對產品進行介紹，客戶就問道：「你們產品的價格怎麼樣？」

她沒有想到客戶這麼早就問到了這個問題，這完全違背了自己之前設計的交談流程。於是她只得匆匆告訴了客戶產品的價格。

沒想到客戶聽了以後就直接擺擺手說道：「你們的產品太貴了，對我們來說不適合。我還有點事情，我們改天再聊。」

短暫的交談之後就被客戶下了逐客令，這時候再提什麼尋找客戶「痛」點、深挖客戶「痛」點都失去了意義。所以，對於銷售員來說，了解客戶可能會打亂自己的銷售流程也應該作為一項常識性的知識來掌握。

　　比如說，客戶可能會在我們銷售產品之前或確認客戶需求之前就問到產品或企業的情況，或者他們可能會在我們對產品或服務做說明之前就問到收費情況。銷售員都明白，在這種情形下，自己產品的價值還沒有確立，直接就進行價格談判是錯誤的做法。一定要記住：價值不到，價格不報。可是，我們應該怎麼處理這種問題呢？

　　事實上，為了避免掉進這種陷阱，我的一個方法就是──「用另一個問題來回答這個問題」，將客戶引到正確的銷售軌道上來。我在這裡將這種辦法稱為「反問」。

　　當然，想要熟練地掌握這種技能，我們首先要改變自己遇到問題就直接回答的習慣，而是要學會思考一下別人問問題的動機。任何一個問題的背後都有一個動機的驅使，而對問題動機的詢問，既能夠讓我們了解到問題的本質，還能夠避免我們直接回答問題可能會產生的失誤。

　　那麼，我們究竟如何來「反問」客戶這種動機呢？什麼樣的方式能夠看上去既是回答了客戶，而且又不使我們的問題顯得突兀呢？讓我們從下面這兩個我經常使用的案例中尋找一些啟發吧！

　　案例一：

　　客戶：「你們公司和其他的公司相比，到底有哪些顯著性的優勢？」

　　銷售員：「今天來就是想和您好好談談我們公司，將來怎麼能透過我們的服務和一些優勢來跟您合作，為您增值。但是我首先想聽聽，就是您對像我們這樣的供應商，平時您都有哪些關注點？看看在這些點上，我們可不可以做得更好。」

　　案例二：

　　客戶：「你們產品的價格是多少？」

　　銷售員：「價格保證您滿意，同時我需要了解一下您的情況，看看我們的哪些產品適合您。如果產品不適合您，一塊錢跟一萬元是沒有區別的，您說對嗎？」

　　在這兩個案例中，客戶的問題都打亂了銷售員設定的銷售流程，可是銷售員透過正確的反問提問，又把問題拋給了客戶，重新引導客戶回到了正確的銷售軌道上來。

　　在和客戶的交談中，反問應該是我們經常使用的說話方式之一。從案例中我們也可以了解到正確的反問模式也是非常簡單的。在案例一的這種情況下，如果客戶詢問我們的是他們關注點的答案，那麼我們就可以反問客戶為什麼會關注這些點？你期望得到的答案是什麼？

　　在案例二的情況中，客戶很明顯地打亂了我們的銷售流程，我們可以順著客戶的問題進行反問。我們首先運用迂迴策略，告訴他「價格保證您滿意」，這樣不但回答了他的問題，而且沒有告訴他具體價格是多少。進而告訴他要幫助他

找到合適的產品，然後像醫生一樣為他「診斷」，了解他的「病情」，化被動為主動，最終使客戶能夠被我們「牽著鼻子往前走」。

了解了如何運用反問，為了避免在實際的銷售情境中出現差錯，我們還可以和同事們在一起，利用一個叫做「答非所問」的小遊戲來訓練自己的「反問」能力。這個遊戲，我在培訓課上也經常使用，並且效果很好。

這個遊戲的規則是：

將參加人員分成 2 組，看時間允許，每輪遊戲每組派出一名選手參加。有一名考官和一名主持人。

具體步驟：

A：主持人宣布開始的時候，即進入答題狀態。

B：選手對於主持人問的每個問題，必須用不相關的語言回答。例如，主持人問：「你準備好了嗎？」選手答：「我想去上廁所。」

主持人繼續問：「你剛才說什麼？」

選手可以答：「啊，好漂亮的篝火！」

C：回答與問題相關即被淘汰。

需要注意的是：

1. 雙方比賽到被淘汰時回答問題的總時間，長者獲勝。
2. 回答要快，節奏由考官控制。

遊戲攻略：首先思維要處於抽空的狀態，然後大腦要迅速過濾考官提出的問題，同時還要心平氣和，不要輕易被主持人打亂了節奏。

透過這樣的一個小遊戲，對銷售員更好地進行反問是非常有幫助的。一方面它可以訓練銷售員心平氣和的心理素養，避免受到客戶擾亂銷售流程時的影響；另一方面可以訓練銷售員應對問題時的反應能力，這為他們之後在客戶面前進行「反問」打下良好的基礎。

在銷售中，反問也僅僅只是一種途徑，我們之所以答非所問、進而反問，是想從客戶的口中了解其動機，也就是客戶深層次的「痛」點。總之，這一切都是為了幫助客戶能夠更好地進行解「痛」。小測試：

客戶問：「你們的服務怎麼樣？」以下哪種回答比較好？

A. 我向您保證，我們的售後服務絕對一流。

B. 我對您的擔心非常理解。您主要關心的售後服務有哪些方面呢？

C. 您放心，我們的服務承諾是無條件退貨。

八、
從客戶的大腦中查找資料

　　客戶的大腦像浩瀚的海洋，蘊藏著無窮的寶藏，如何從客戶的大腦裡查找我們需要的資料呢？以下將介紹一個高級的提問工具。在 NLP（神經語言程式學）裡，有一個好用的工具就是強有力問題發生器。它是影響我們思維的工具，也影響了我們每一個觀點的形成。在銷售過程中，如果銷售員可以掌握這個工具，無疑會減少說服客戶的難度。下面，我們就來簡單地了解這個工具。

　　強有力問題發生器主要包括語言的三維空間：時間段、理解層次、感知位置。這三者的關係如圖 3-1 所示。

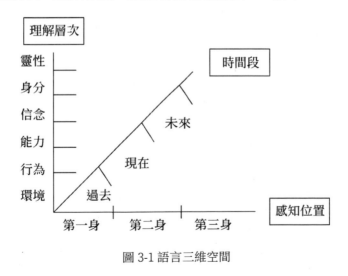

圖 3-1 語言三維空間

177

1. 感知位置

所謂的感知位置就是一個人感知事物的位置。由於感知
位置不同，一個人感知到的同一事物的情況就不一樣，就像
盲人摸象一樣，通常只感知到事物的一部分。因此，探究
「感知位置」的意義在於讓一個人更全面地看問題。圖 3-1 的
第一身是當事人自己的位置；第二身是與當事人對立的位置；
第三身是與對立的兩個人不太相干的位置。此三身的關係也
可以用下面的三角關係來表示。

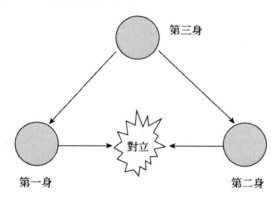

圖 3-2 三身之間的關係

2. 理解層次

理解層次是指大腦的思考模式，一個人潛意識的內在思
維結構。一般情況下，人的大腦在思考的時候有六個層次，
呈金字塔狀分布，理解層次中上面的層次決定下面的層次。
從下到上依次是：環境、行為、能力、信念、身分、靈性。

透過這六個層次，我們依次可以了解到：何時 / 何地 / 何人、做什麼、怎麼做、有何方法做、為什麼做、怎麼想、你是誰、別人怎麼看你、為誰等訊息。

建立好這樣的思考金字塔後，我們把信念以上的問題，叫強有力的問題；信念以下的問題，就是釐清現狀的問題。如果我們在環境、行為和能力層面處理問題，有時候可能會比較複雜；而如果在信念、身分和靈性的層面思考問題，解決問題就很有可能一步到位。

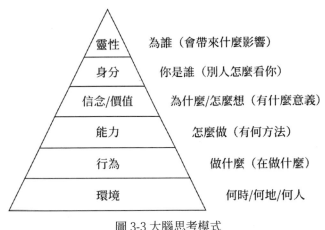

圖 3-3 大腦思考模式

比如，你想要一個人戒菸，你從行為方面，怎麼罵他，或把他的菸丟掉，他還是會抽菸。假如作為老婆，從靈性方面，妳說自己肚子裡有小孩了，為了小孩的健康成長，要求對方戒菸，這時妳不用丟他的菸，他至少在房間都不會抽

了。所以，影響他人的信念、身分、靈性，比影響他人的環境、行為、能力有用得多。

我在前面所說的強有力的問題發生器就立體呈現在三維空間裡面，就像房子，它的地基有 9 格（3 個感知位置 ×3 個時間線），高 6 層（理解層次），一共有 54 個房間，這 54 個房間就是 54 個強有力的問題，這 54 個問題運用起來，威力無邊。

舉例：我在為一個企業做諮詢，當一個銷售主管招不到業務員的時候，就可以運用問題發生器提問，釐清了他的思路。

表 3-1 問題發生器提問表

層次	問題
環境	這個事情發生多久了？（第一身＋過去）什麼時候招不到人的？（第一身＋過去）你公司在哪裡？（第一身＋現在）
行為	你曾經做過什麼招聘？（第一身＋過去）是上網，還是去人才市場？（第一身＋過去）
能力	你曾經想過什麼方法招聘？（第一身＋過去）用過什麼方法招聘？（第一身＋過去）
信念	這麼久都招不到業務員，你是怎麼想的？（第一身＋現在）你們老闆又是怎麼想的？（第三身＋現在）那些有能力的業務員他們是怎麼想的？（第三身＋現在）
身分	你作為部門經理，招不到業務員，老闆會怎麼看你，其他人會怎麼看你？（第三身＋現在）
靈性	如果繼續招不到人，會給整個公司/集團帶來什麼影響？（第三身＋未來）

舉例：JJ 諮詢公司的銷售員和某公司的王經理溝通，讓他參加 JJ 公司的培訓課程。

銷售員：「您在什麼公司工作？」（第一身＋現在＋環境）

王經理：「在 ×× 公司。」

銷售員：「您具體負責什麼工作？」（第一身＋現在＋行為）

王經理：「負責公司的銷售管理。」

銷售員：「這個工作您做了多長時間？」（第一身＋現在＋能力，工作經驗可以理解為「能力」）

王經理：「5 年了。」

銷售員：「做了 5 年了，您認為做好您這個工作需要什麼能力？」（第一身＋現在＋能力）

王經理：「溝通和銷售。」

銷售員：「如果這個能力滿分是 100 分的話，您給自己打多少分？」（第一身＋現在＋能力）

王經理：「80 分吧。」

銷售員：「能做到 80 分很不錯了，如果可以讓您的分數高一點，您覺得您還要做哪些改變？」（第一身＋未來＋行為）

王經理：「看書、學習。」

銷售員：「有沒有具體的學習計畫，比如每天學習多少小時、每年參加幾次培訓課程？」（第一身＋現在＋行為）

當了解到他每天做的事、他想獲得的能力，就可以設計好以下的問題進行提問，推動他參加銷售員的培訓課程。

「過去 5 年，因為沒有很好地提升您的溝通和銷售能力，您失去多少次成交的機會？」（第一身＋過去＋能力，把過去的痛苦挖出來）

「如果您系統地學了課程，提升了您的銷售溝通能力，5 年之後，您覺得能讓您增加多少財富？」（第一身＋未來＋能力）「那時候您會成為什麼樣的人？」（第一身＋將來＋身分，把將來的資源拿到現在推動他）

「如果您提升了您的銷售溝通能力，把這個能力複製給您的團隊，對您的團隊有什麼幫助？」（第一身＋未來＋靈性）

「您現在打算怎麼做？什麼時間行動？」（第一身＋現在＋行為）

第四章

調頻同步 —— 有認同才有合約

　　這一步是在客戶購買的「分析階段」做文章，銷售員把自己和客戶的心理互動調到一個頻道。銷售中會遇到三類客戶，採用「無中生有」、「拋磚引玉」、「先跟後帶」三個策略巧妙達成共識。最後，對客戶提出的標準進行再次確認和歸納總結，這是銷售拜訪中的一個小高潮，將會是非常重要的一步。

一、

銷售員心裡要有一個客戶的致命弱點祕笈

透過第三步挖掘致命弱點，我們可以挖掘出很多客戶的需求，這些客戶需求數量的多少和品質的好壞，是決定銷售拜訪成功與否的重要指標。銷售員只有在談話中透過巧妙的發問，盡量多地了解客戶的需求，再將這些需求進行彙整，建立起來客戶的致命弱點祕笈，我們的銷售才會心中有數。

如果我們把各類型客戶的需求整理出來，那麼這個祕笈不僅可以在這一單交易中發揮作用，在以後同類型的交易中，也會給我們帶來一些意想不到的收穫。那麼，如何來整理客戶的這種致命弱點祕笈呢？接下來，我將會透過一個實例，來告訴大家整理客戶致命弱點祕笈的正確方式。

對於 OOO 蓄電池的銷售員工來說，在整理客戶致命弱點祕笈的時候，他們首先把自己的客戶類型進行分類，主要包括：大公司客戶、批發商老闆、修理廠老闆、個體零售商四種客戶類型。這樣在整理需求的時候，就有了明確的方向，避免出現「牛頭不對馬嘴」的錯誤。

銷售員們每隔一段時間，就會在一起開一個關於「客戶需求」的會議，透過每個人介紹自己的實戰經歷以及發現了客戶有什麼樣的需求，分享給在場的每一個銷售員，最後把所有銷售員發現的客戶需求進行整理，建立起各類型客戶的

需求檔案，也就是我們所說的「客戶致命弱點祕笈」。

　　例如，對於那些「批發商老闆」的客戶來說，他們關注的需求點主要有以下幾個方面：

1. 他們希望有一定的區域保護，確保自己的利益不會受損；
2. 公司需要在店面形象建設上給予一定的支持；
3. 在自己的銷售區域內要有一定數量的現成客戶；
4. 公司的品牌影響力要足夠大；
5. 要確保自己的利潤點不會降低；
6. 一定要有良好的產品售後服務。

　　對於那些「零售商」客戶來說，他們的需求點就體現在一些其他的方面：

1. 保證自己有一定的客流量；
2. 自己銷售的產品在安全、品質上面要有一定的保證；
3. 自己銷售的產品對客戶要有一定的吸引力；
4. 產品的營業毛利要有一個不斷成長的過程；
5. 各種和產品相關的諮詢一定要足夠專業；
6. 保持一個穩定的進貨管道；
7. 更快的產品周轉率。

　　面向終端修理店提供服務，他們需求的致命弱點是什麼，我們總結為：

1. 要全，要求能解決多種車型配件的需求；

2. 要快，以最快的速度獲得配件；

3. 要精準，配件與車型的匹配不能出錯；

4. 要好，不要假冒偽劣；

5. 價格要省；

6. 能夠在產品推廣、設備投資等方面給予大力的支持；

7. 針對銷售的利潤要有一定的保證；

8. 能夠選擇一種沒有資金壓力的貨款方式；

9. 銷售的產品要有足夠的市場知名度。

大公司客戶主要的關注點是：

1. 產品能夠給自己帶來安全感；

2. 我選擇的這種產品最終能得到使用部門的認可；

3. 購買的過程非常簡單，不會有後期的一些麻煩事；

4. 有一定的折扣和佣金；

5. 品牌一定是著名品牌；

6. 後期的技術支持和運輸服務一定要到位。

客戶的致命弱點祕笈有什麼用處呢？在我們幫助客戶認知他自己的致命弱點的時候，當我們提問完後，有的個性謹慎的客戶，會沉默不語，談話很難進行下去。這個時候，運用「致命弱點祕笈」，讓客戶知道：其他人有著相同的需求和致命弱點，並且得到了解決。比如，我們可以告訴客戶：

「這個產業很多客戶都關心區域保護、店面建設、廣告宣傳、售後服務這些因素。」這就像在他的心中播下了需求致命弱點的種子，他自己會慢慢生根發芽。

二、
無中生有，創造出客戶的需求

什麼是「調頻同步」？首先要清晰地判斷客戶處在購買的哪一個階段，即哪一個頻道，並採取相應的策略，把我們和客戶調到同一頻道上，推動客戶和我們同步前進。前面我們將客戶決策過程分為三個階段：認知階段、分析階段、決定階段，調頻同步是在客戶的「分析階段」做工作。在銷售實戰中，你會碰到三種客戶：

1. 無認知客戶（沒有需求，不需要）。
2. 處於認知階段（有需求，沒有標準）。
3. 處於分析階段（有需求，有標準）。

只有認清客戶的需求處在哪個階段，對症下藥才能確保我們的銷售順利地進行下去。

首先，我需要分析一下無認知客戶（沒有需求，不需要）的策略。

在這一個階段，客戶對於商品的了解可以說只是一個表面，但是他們也可以憑藉自己短時間做出的判斷來否定我們的產品。難道這個時候，銷售員就應該放棄掉這樣的客戶嗎？

一個優秀的銷售員顯然不會這麼做。客戶還沒有真正地了解到產品的價值，我們怎麼能夠確定客戶就沒有這樣的需

求呢？那麼，遇到這種情況，銷售員如何力挽狂瀾呢？

首先，銷售員要及時地做出改變，他必須明白：這時候他不再是能夠提供及時解決方案、鎖定合約的成交大師，而是能和客戶進行討論、從中發現新機會、懂得就算一時不能成交也無關緊要的人。要從幫助客戶解決問題轉化到尋找客戶的問題。同時，發揮出自己身上的推測能力，洞察客戶接下來會有什麼樣的行動。在這裡，我們將這個過程稱為：無中生有，創造出客戶的需求！類似於前面講過的「把冰箱賣給愛斯基摩人」。

OOO 的業務經理小徐去拜訪一個客戶。

客戶：「我現在有 ×× 品牌了，不需要了，謝謝！」

第一步：表示理解

在實際的銷售情況中，銷售員經常會聽到類似於這樣的客戶答覆。

客戶一句「不需要，謝謝」的確讓銷售員在　時間不知道該怎麼辦才好。在很多情況下，我們不需要急著去說服客戶，而是要先給予客戶一定的理解和肯定，以此來表示對客戶的尊重，進而拉近與客戶之間的距離。

在給予客戶一定的肯定之後，銷售員要注意觀察客戶的臉色，如果看到客戶有緩和的意思時，再慢慢地進行下一步的交談；如果客戶的態度還沒有改觀，我們不妨從一些輕鬆的話題入手，打開客戶的心理防線。

　　小徐：「看來您對 ×× 相當重視，我理解您目前的情況了，還是希望打擾您幾分鐘，我想向您請教幾個問題，說不定有朝一日我的公司能為您效勞，您說好嗎？」

　　當銷售員如此誠懇地跟客戶交流的時候，我們的銷售就有了繼續進行下去的可能，那麼，銷售員接下來應該怎麼辦呢？

　　第二步：診斷類問題

　　小徐：「您跟 ×× 公司合作怎麼樣？」

　　客戶：「一般（或還好）。」

　　小徐：「您最欣賞 ×× 品牌的哪些方面？」

　　客戶：「×× 品牌品質穩定。」

　　這一步需要做的是蒐集訊息，尋找客戶的問題。客戶和 ×× 品牌合作是一種習慣，正所謂「習慣成自然」。我們只有去了解這種習慣產生的深層原因和他的偏好，最終才能透過最佳方式來打破客戶的這種習慣。

　　這幾個問題了解到客戶選擇品牌看重的是品質穩定。

　　第三步：無中生有

　　小徐：「那您覺得它還有哪些方面需要改善呢？」

　　客戶：「還行吧！」

　　有的客戶會說出競爭對手的不滿，但很多客戶會持冷漠的態度，這時你只有主動去刺激他了。

　　小徐：「有很多客戶反應，這幾年 ×× 品牌因為大家都

在賣，沒有區域保護，雖然銷量很大，利潤卻越來越低，您有沒有發現這個現象？」

客戶：「是啊！利潤確實少！」

「無中生有」並不是「大張旗鼓」地進行的，我們可以透過「潤物無聲」的方式來向客戶求證這些問題，避免客戶啟動自我防衛系統來抗拒你。比如說，我們可以多用一些「您有沒有感覺到……」、「您有沒有發現？」等這樣的句式讓客戶自己去發現問題。

第四步：槓桿類問題

經過前面的三個步驟，已經可以讓客戶意識到一些問題的存在。可是，還有一種情況我們不能忽略：即使銷售員已經在最大限度上強調問題，可是客戶仍舊沒有迫切解決問題的欲望，這種情況下該怎麼辦呢？

這個我們已經在前面的章節中給出了答案。在第三章中，我們提到了使用槓桿問題，可以提高客戶需求的緊迫程度。這個案例裡我運用了槓桿問題中的「痛苦代價」陳述模式：

小徐：「一條街上每家都有貨，哪裡還有利潤啊，如果這個問題不解決，一年下去，您賣 1 萬顆，還不如賣別的品牌 1,000 顆的利潤多，您覺得呢？」

客戶：「嗯，那你們的品牌是怎麼做的？」

這個時候小徐就有機會向客戶介紹我們的產品了。

三、
拋磚引玉，引領客戶的採購標準

如果經過第三步尋找致命弱點，我們找到了客戶一定數量的需求，並且判斷客戶處於認知階段：有需求，沒有形成採購標準，這時我們採用什麼策略呢？

在本書中，我前面曾賦予了銷售員很多的身分，比如，服務者」、「導遊」等。在這裡，我要給銷售員增添一個新的身分 —— 「主持人」。

說銷售員是主持人，並不是指銷售員在銷售處於最主導的地位（客戶才是真正的主導者），而是指銷售員很多時候的做法都和主持人的日常工作相似，在這個階段，銷售員更要好好地學習主持人身上「拋磚引玉」的功底。銷售中最好的溝通方式就是把你想說的話設計成問題，拋給客戶，然後客戶透過回答你的問題，自己說出你想要的東西，也就是讓客戶自己說服自己，自己成交自己。我們拜訪客戶前設計好的問題就是「磚」，拜訪客戶時就可以結合當下的情景拋出問題，引導客戶說出他的需求那塊「玉」。

「拋磚引玉」這個利器分成兩部分：設計問題和拋問題。設計問題其實就是列一個「問題清單」。所以，在拜訪客戶之前，或在即將展開一場談判之前，請先試試這個「設計問題」的利器。

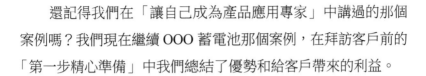

　　還記得我們在「讓自己成為產品應用專家」中講過的那個案例嗎？我們現在繼續 OOO 蓄電池那個案例，在拜訪客戶前的「第一步精心準備」中我們總結了優勢和給客戶帶來的利益。

1. 結合客戶的需求設計開放式問題

　　我們總結出了個人、公司、產品的獨特優勢，但這些好處不一定全是客戶需要的，「放之四海而皆準」的東西是沒有價值的。比如：你認為大公司能給客戶帶來影響力，而這個客戶在當地已經是老大了，他喜歡和小公司合作，享受那種受尊重、受重視的 VIP 感覺，所以你的大公司有實力這個好處在他的面前沒有價值了。關鍵是要從「第三步找到的客戶致命弱點」中，找出那些與我們的獨特優勢相匹配的致命弱點，把我們的優勢跟顧客的致命弱點搭一座橋梁，用開放式問題把它們連起來。之所以要使用開放式的問題，是因為這樣的提問方式不會讓客戶產生厭煩的情緒，讓客戶透露自己更多的想法，同時確定客戶是否存在這個需求，你才可以有的放矢。

　　比如我們挖掘到了客戶有三個致命弱點：

　　該客戶進入蓄電池產業不久，實力不大，影響力、業內交際能力比較弱，渴望有人能夠幫助開發客戶。我們的業務經理在產業內有豐富的人脈資源，可以幫他介紹生意，增加客源。所以就可以設計這樣一個開放式問題：「您現在的終端客戶有多少？」

　　該客戶的計程車客戶很多，對蓄電池品質要求高，而且現在經銷的 ×× 品牌品質不好，有很多不良品退回來，造成了很多麻煩。而我們的產品性能好，可以讓他無後顧之憂。這時可以設計這樣的問題：「我看您這裡計程車生意很多啊，您目前經營的品牌在計程車上使用情況怎麼樣啊？」

　　該客戶的店面位置不錯，因為捨不得自己花錢做店面建設，所以門市形象看起來不夠高檔，很希望有人給他做一個好的招牌。而我們可以幫助客戶做店面建設。所以就設計這樣一個問題：「您覺得自己的店面形象怎麼樣？」

　　這一步設計問題是與客戶會談時，在你的心裡（或寫在筆記本上）完成的。

2. 拋話題確認需求

　　把設計好的問題一個一個拋出來，得到客戶的確認，不能自說自話，一廂情願，要反覆地跟客戶確認他的需求。

3. 槓桿問題

　　如果客戶有這個需求，就要用槓桿式問題，進一步放大、加強需求的重要性和緊迫性。這樣你所擁有的獨特優勢才有價值，否則沒有價值。

　　針對「需要增加客源」這個致命弱點「拋磚引玉」：

　　業務經理：「您現在的終端客戶有多少？」

客戶：「因為我做這個行業才一年時間，所以客戶不多，也就 50 個左右吧。」

業務經理：「如果客戶不多，對您的業績有多大影響？」

客戶：「客戶少，業績上不去，所以經營成本高，沒優勢。」

針對「對蓄電池品質要求高」這個致命弱點「拋磚引玉」：

業務經理：「我看您這裡計程車生意很多啊，您目前經營的品牌在計程車上使用情況怎麼樣啊？」

客戶：「別提了，很多車主用了半年就退回來了，我正頭痛這些事呢。」

業務經理：「產品品質這麼差，客戶會怎麼評價您呢？」

客戶：「有的跟我吵，有的讓我賠償，這次算是吃夠苦頭了！」

針對「店面建設」這個致命弱點「拋磚引玉」：

業務經理：「您的店面位置挺好的，您覺得您的店面形象怎麼樣呢？」

客戶：「不太滿意，裝修一個好的店面大概要花兩三萬元，現在手頭緊，過一陣子想好好裝修一下。」

業務經理：「如果把店面裝修得高級、大氣、有質感，會對您的客流量有多大影響？」

客戶：「那當然會吸引更多的客戶進門啦！」

業務經理透過三次「拋磚引玉」，已經胸有成竹了。

四、
先跟後帶，在客戶心中重新樹立標準

處於「分析階段」的、有需求並且有明確採購標準的客戶，他講的採購標準與你的產品不匹配，這個時候如果你沒有了解客戶真實的需求，只是站在自己銷售的立場上，把客戶的需求和你的優勢做一個比較，想「揚長避短」地說服客戶接受，這時你和客戶的心理互動就不在一個頻道上了，很可能會引起客戶的抗拒。這個時候要改變他的採購標準，用「先跟後帶」的方法從他的標準處下功夫。

在我的銷售課堂上，我讓學員兩個人一組來分一個柳橙，讓他們拿出分柳橙的方案。有的說一人一半，有的說為了公平分配，一個人切柳橙，一個人選柳橙。我問大家：「你們覺得這樣分滿意嗎？」大家一致認為這樣分公平，誰也不會吃虧，誰也不占便宜。我說：「兩個人當中會不會有一個人想要吃橙肉，另一個人只想要橙皮泡水喝？」大家恍然大悟，是啊！如果是這樣，切開分看起來公平，但是卻造成了浪費。不用切，一個人要橙肉，一個人要橙皮，各取所需，雙方利益都達到最大化。這給我們一個啟示：銷售員永遠要去問客戶的需求，然後引導客戶走向雙贏的局面。否則你可能會用你的善意去造成一個美麗的錯誤。

我找了一個學員互動。

我：「請問你想要什麼？」

學員：「我要橙肉。」

我：「橙肉對你有什麼好處？」

學員：「好吃，補充維生素 C。」

我：「我這有一種口感很好，富含維生素 C 的水果，你有沒有興趣了解一下？」

學員：「有興趣！」

透過這個簡單的互動，學員本來要橙肉，我透過「先跟後帶」的技巧讓他看到更多的選擇。

「橙肉對你有什麼好處？」

這是「上推式提問」，了解他的動機，找到機會與他達成共識，先跟上他。然後用「平行式提問」，帶他出來，讓他看到更多選擇，「我這有一種口感很好，富含維生素 C 的水果，你有沒有興趣了解一下？」

什麼是「先跟後帶」？在我們和客戶會談中，很多時候大家會有不同的見解，這個時候，首先要跟隨並有選擇地認同對方的觀點，然後再把他帶入自己的觀點，這樣在溝通的過程當中，既避免了誤解，又營造了和諧氣氛，正所謂「君子和而不同」。

「先跟後帶」其實也是「上推下切平行」的組合運用，其步驟為：「上推」——「平行」——「下切」，用「上

推」探求對方的動機、肯定對方的正面動機,建立親和感,去理解和配合對方的信念、價值觀、動機,讓對方感受到被理解、尊重。在「帶」時候,運用客戶易於接受的方式,提出讓客戶回答「是啊」、「對啊」、「是的」的問話,然後,透過下切的方法,將對方帶到你想要他去的地方。

下面我們將結合具體銷售的實例,來傳授大家「先跟後帶」的技巧。當客戶的標準和我們的產品或方案不匹配的時候,「帶」的方向有三種:

1. 重新定義

銷售員把客戶的採購標準拆解,然後重新組合,目的是讓自己的優勢符合整合後的採購標準,讓客戶接受。打破原來對自己不利的框架,轉換到對自己有利的框架。比如顧客指名道姓要 ×× 品牌,如何推薦另外的品牌給他呢?

顧客:「有沒有 ×× 蓄電池?」

銷售員:「一看您就是行家。老闆,我想問一下您為什麼選擇 ×× 品牌呢?」

顧客:「×× 是老品牌,我一直在用,品質不錯。」

銷售員:「蓄電池的品質確實重要,我車子用電池,圖的就是個安心,一旦出了問題,那可就麻煩了!老闆,您買過 OO 電器嗎?」

顧客:「買過啊,就是有點貴。」

銷售員：「確實比一般品牌貴，品質怎麼樣？」

顧客：「品質不錯，沒什麼問題，售後服務做得不錯，去年搬家空調移機，一個電話，就解決了。」

銷售員：「是啊！OO 電器雖然貴，但是用得放心。其實汽車蓄電池跟電器一樣，首先品質要優良，別出問題。OO 空調整機保固 10 年，別的品牌都是 5 年。」

顧客：「是啊，汽車電池保固多長時間？」

銷售員：「因為車況、路況使用差別很大，所以整體考慮，大多數商家保固 1 年，我的店裡有一個 OOO 品牌保固 18 個月。」

顧客：「保固 18 個月？」

銷售員：「是啊！您是行家，肯定知道，敢保固 18 個月的，品質絕對不會差，如果品質不好，電池都退回來，商家不就賠錢了嗎！」

顧客：「這個確實挺好。」

顧客對汽車蓄電池不熟悉，銷售員利用了顧客熟悉的 OO 家電的話題，巧妙地重新定義了顧客心中的「好品質」：一個是不能出問題，另一個是保固期要長。把顧客的視線引導到了保固期上，順勢介紹 OOO 保固 18 個月，以此證明 OOO 品質優秀。重新定義是改變客戶採購標準的萬能利器，改變客戶原有的框架，把它擴展、轉移、重組，種植新的價值觀給他，觀念不變原地轉，觀念一變天地寬。

2. 替代方案

　　任何供應商都不可能滿足客戶的所有要求，這是一個銷售的常識。所以銷售人員不能因為我們的產品或方案滿足不了客戶的某一個需求，就失去信心或陷入自己的產品無法滿足客戶需求的思維框架，要主動尋找替代方案。

　　有一歷史電視劇故事：康熙要吳三桂撤藩，吳三桂並不想撤藩，於是獅子大開口，提出撤藩安置方案：吳三桂有 80 多萬兵丁和家口，每戶兵丁需 3,000 銀兩安置費，這些人遷至關外以後，需要配置良田 50 萬頃，住房 120 萬間，從雲南到山海關，十幾個省，兩百多個府縣，都要提供車船騾馬，保障他的吃喝花銷。這樣算下來，三藩全部安置完，需花 5 年至 8 年。所有開支共需一萬萬兩白銀，朝廷需要 20 年才能湊足這筆費用。

　　很顯然，吳三桂想用這個方案，拖延時間。這時，周培公提出了一個替代方案：將撤藩全過程分為三期進行，首期是讓吳三桂下山，二期是千里北遷，三期就是關外安置。這三個期間，首期最重要，花錢也最少，朝廷只需準備好首期的銀子就夠了。只要吳三桂拔寨而起，就說明他有誠意，他的兵馬一旦離開雲南，踏入內地就是虎落平陽，那時，他不但要順從朝廷，而且要服從各地官府的安排，朝廷待他們進入內地以後，就可以將他們拆散，沿途分別安置，只要吳三

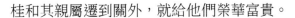

桂和其親屬遷到關外，就給他們榮華富貴。

這樣算下來，拿三五百萬兩銀子就可以換吳三桂拔地而起，剩下的事水到渠成。吳三桂不下山，朝廷求著他；吳三桂一下山，他就得求朝廷。吳三桂接到朝廷同意撤藩費用奏摺後，只有交出平西大印，並稱履約撤藩日期。

一個好的替代方案可以讓自己變被動為主動。我們再來看一個 JJ 諮詢公司的案例。

JJ 諮詢參加一家知名公司的管理諮詢項目競標。客戶向我們的銷售經理小寧簡單地介紹了這個項目的要求，其中有一個要求是這個項目的預算必須控制在 15 萬元之內，讓我們一個星期之內提交方案。我們知道，市場上任何一家正規公司對這個項目的報價都不會低於 15 萬元，這家公司也一定會用同樣的方式來要求我們的競爭對手。

小寧問道：「為了能提供一份滿足你們要求的方案，我們需要多了解一些情況，可以嗎？」客戶同意了，馬上安排我們做深入的調查研究。調查結束後，小寧和客戶拿著方案一項項地核對。進入最後談判，我們的項目諮詢報價是 15 萬元，客戶表示不能接受，因為他們年初就已經制定好了這個項目的預算。低於 15 萬元，這個項目對於我們來說沒有利潤；高於 15 萬元，客戶拒絕。怎麼辦？

最後，小寧提出了一個替代方案：為了確保整個項目的

執行落地,需要做一個針對性的培訓,在原來的諮詢項目中沒有培訓這一項,所以建議「增加一項為期 2 天的培訓」,這個培訓項目市場價格是 3 萬元,我們給他優惠價 1 萬元,因為我們有自己的培訓老師,可以給他優惠。這樣雖然項目整體價格高了一點,但卻給客戶省了一大批培訓費用。客戶對此方案表示認可。

銷售員既要有腳踏實地的務實精神,又要有詩人一樣的想像力。探索客戶採購標準的背後有什麼,創造一個替代方案去滿足客戶的需求。

3. 超越

很多時候,你賣的是高標準產品,而你遇到的是低要求的客戶,怎麼辦?這個時候,你就要強化你的優勢,提高客戶的要求(或標準),讓客戶的要求跟你的產品(服務)的優勢符合,你才能讓客戶接受你的高品質產品。

你銷售的是五星級酒店的房間,而客戶只想住一般旅店,要求不高,有張床就夠了。

顧客:「我的要求不高,只要有一張床,乾淨衛生就行了。」

銷售人員:「是的,價格確實很重要!先生,一看您就是成功人士,我能了解一下您來這個城市是出差?還是旅遊?」

顧客：「出差！」

銷售人員：「出差在外，安全也很重要，對嗎？」

顧客：「是的。」

銷售人員：「現在社會治安挺亂的，如果您選擇了一般的旅店，第二天早上起來，您發現您的東西少了，怎麼辦？」

顧客：「不會有這麼恐怖吧！」

銷售人員：「現在談生意，都注重場面，如果您選擇住一般的旅店，對方會怎麼看您呢？」

顧客沉默。

銷售人員：「會不會覺得您實力不夠啊？會不會動搖和您合作的信心呢？」

顧客微微點頭。

銷售人員：「如果您住在五星級酒店和顧客談生意，您覺得成功的機率會不會更大呢？而且安全更有保障。」

你透過用「超越式」的帶動，會逐步拉高客戶的標準，把「安全有保障」、「高檔有面子」等本來不重要的決策標準變為重要的決策標準。客戶原本只想住一般的旅店，現在改住五星級酒店。

五、
運用「洗牌」式提問，和客戶達成共識

我們介紹了「無中生有」、「拋磚引玉」、「先跟後帶」等一系列的技巧。了解了客戶的標準之後，銷售員還不能急著去介紹自己的產品。這時候，對客戶提出的標準進行再次確認和歸納總結，這是銷售拜訪中的一個小高潮，將會是非常重要的一步。在整個銷售會談當中，我們的話題可能是非常廣泛的，可能海闊天空地談了很多東西，你從客戶身上找到了很多「痛」點，可能開發出了很多的利益點來滿足他，但是客戶會忘了，那麼我們就要把這些「痛」點幫他總結一下。

當我們總結出這些致命弱點和利益點的時候，就是幫客戶設立了一個採購標準，比如你是家具銷售員，你總結出了客戶關心款式設計、耐用實在、價格合理、顏色好看、售後服務、綠色環保等，如果你能總結出客戶這些需求致命弱點，你就知道什麼最能抓住顧客。顧客的需求，是顧客心中的一個陣地，你不去占領，你的競爭對手就會去占領，你占領的越多，留給你的競爭對手的機會就越少，而且這些需求是你跟顧客一起開發出來的，從這種意義上講，你跟顧客是站在同一戰線上的，是實現雙贏的。這一步要穩紮穩打，安營紮寨。

這種總結方法我們稱之為「洗牌法」。所謂的「洗牌法」是指將客戶的需求進行重新整理，然後再展現在客戶的面前，跟他確認，讓客戶更好地和我們達成共識。

例如，銷售員可以這樣說：

銷售員：「根據我的理解（我總結一下），您選擇品牌，重點考慮的是：①產品性價比要高；②獨家經營，市場保護，確保利潤；③售後服務要及時，最遲七天回饋；④商家要有豐富的促銷禮品，是這樣嗎？」

客戶：「是的，你們公司的產品是這樣的嗎？」

銷售員：「是的，我們公司以及我們的產品能滿足您這些需求，您對我們公司了解嗎？」

如果你能堅持去做「挖掘致命弱點和調頻同步」這兩個動作的話，慢慢地你會發現你的銷售會有一個奇妙的轉變。你跟客戶談話的內容不再站在銷售的立場，而是站在客戶的立場，你的語言模式會發生一個轉變，你會說：「您有什麼需求？」、「您的期望是什麼？」而不會像從前那樣一開門就是：「我們的實力是一流的」、「我們的品質是最好的」、「我們……」你發現不知不覺，你會和客戶站在一起，從對立轉向同步，幫助他們去發現問題。

客戶買一輛十幾萬元的車或選擇一個供應商畢竟不是一件小事，誰都怕選錯了，這時，他們需要一個能為他們著想

的參謀幫他們出謀策劃，自然而然地你就成了他們可以信任的人。在你沒有跟客戶轉化對立的關係之前，你把產品、優勢介紹得再好，客戶也不會動心。你站在他的對立面，哪怕你口吐蓮花，他也聽不進去，因為這些話無法走進他的心裡。

第五章

出手成單 —— 美好畫面如在眼前

當客戶最終和銷售員處於同一個頻率之上，接下來最重要的也就是客戶「出手成單」的事情了。其實，客戶的身分不僅僅是消費者，也是體驗者。只有讓客戶切身感受到我們產品的「魅力」，他才會爽快地和我們簽訂訂單。為了給自己的銷售打上雙層保險，銷售員還要非常注重產品價值的營造，銷售員在進行每一次銷售前，都應該暗暗地提醒自己：我賣的不是產品，而是產品的價值。掌握了以上這些闖蕩銷售江湖的「必殺技」，讓客戶「出手成單」也就成了輕而易舉的事情。

一、

出手成單五大要素

現在客戶進入「決定階段」了，在這之前，銷售員一直在用「提問」的方式，讓客戶談他自己。到了這一步開始展示了，該出手時就出手。客戶將對你的展示進行全面的評估，並做出決策。銷售無往不利的祕訣就是讓別人先出招，你再觀察他的招式，找到他的破綻，見招拆招，一招制敵。呈現優勢的目的是出手成單，這個階段，你要向客戶呈現你的產品或方案可以帶給客戶的利益，給他描述一幅美好的畫面。很多銷售員因為產品介紹不講究方法，導致「煮熟的鴨子飛走了」，我們總結了一下，在這個階段比較容易犯以下五種錯誤：

1. 介紹抓不住重點，不分輕重緩急，重要的優勢介紹得不夠；
2. 沒有突出給客戶帶來的好處；
3. 描述好處沒有激發出客戶的感性認知；
4. 缺少真材實料向客戶證明你說的事實；
5. 沒有跟客戶確認他對產品優勢的態度和想法。

我們一再強調：你賣的是「方案」或「價值」，而不只是產品本身。把客戶的致命弱點和產品的優勢連接起來就是

方案；向客戶描述產品使用後的好處，就是價值。把客戶的致命弱點和你的產品及服務連接起來，你要告訴他，你的優勢正好可以帶給他需要的價值，正好可以解決他的問題。產品使用後的美妙畫面才能衝擊到客戶的感性，還要整合一系列的材料讓客戶相信，最後用確認類問題徵求客戶的態度，確認客戶是否被你的展示打動了。

下面介紹一個精彩呈現產品和方案的「出手利器」，這個利器有五個要素：

1. 回顧需求（提醒客戶注意自己的需求致命弱點）
2. 展示優勢（它能幫客戶做什麼）
3. 導向利益（能給客戶帶來什麼樣的利益）
4. 案例證明（讓客戶相信）
5. 確定態度（與客戶確認其重要性）

在運用這個利器時，要注意以下兩個方面：

1. 要為客戶的每個「致命弱點」準備一套包含五大要素的「出手利器」；
2. 確定客戶態度時，應當用「開放式問題」。

回顧需求話術：

您覺得……

您說您很關注……

您曾說起過，你們一直在……

我總結一下，您希望……

確認態度話術：

您覺得這樣對您有多大的幫助呢？

您覺得怎麼樣呢？

誰是最大的受益者呢？

他能發揮多大的作用呢？

為了獲取客戶更多的信任，激發更多的感性認知，在「導向利益」時，別忘了利用「動力窗」從正負兩個方面來加強，舉例：

這雙鞋可以任意搭配長褲或長裙，您出差時，帶一雙鞋就可以出入各種場合了（好處），不用帶好幾雙鞋，大包小包的那麼多行李太不方便（避免壞處）。

OOO每顆蓄電池都是嚴格按照精實六標準差管理生產出來的，產品缺陷率控制在萬分之五，用這樣的產品，哪怕是貴一點，從自身的安全和長遠利益考慮，絕對是物超所值（好處）。您知道汽車天天在外面跑，汽車蓄電池如果出問題那可就麻煩了，一旦在高速上出了問題，那可不是幾百塊錢能解決的（避免壞處）。

出手成單舉例：

我有個學員是賣冰箱的，他透過和客戶溝通，了解到他的客戶有兩個需求致命弱點：①外觀時尚；②省電節能。

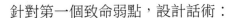

針對第一個致命弱點，設計話術：

您曾說過您希望電冰箱的外觀要簡約時尚。（回顧致命弱點）

××冰箱的設計理念就是去除一切煩瑣，追求簡約。您一天快節奏繁忙的工作之後，回到家裡，看到××冰箱簡約自然的外觀，立刻感到一種徹底的放鬆和回歸自然的舒適。（展示優勢，導向利益）

很多消費者說：「它不只是一個家用電器，更是一個優雅的家具。」您看這是我們的設計專利。（案例證明）

您覺得這款冰箱的設計怎麼樣呢？（確認態度）

針對第二個致命弱點，設計話術：

您希望電冰箱能省電節能。（回顧致命弱點）

我們的冰箱採用了世界上最先進的機電，在同類冰箱中，它的耗電量最小，三天三夜用 1 度電，您買了我們的冰箱，冰箱常年都不用斷電了，這多省電省心啊！（展示優勢，導向利益）

您再看看我們在聯合國「最佳節能獎」獲獎的證書。（案例證明）

你覺得用我們的冰箱一年能省多少錢啊？（確認態度）

二、
場景化讓客戶心臨其境

客戶靠什麼決策呢？我們買衣服時，決策可能來自於穿上衣服之後的那種瀟灑、高貴的感覺；我們買房時，決策可能是來自於合理的格局帶給你將來住進來後舒適的感覺、窗戶外風景帶給你的美好的感受。這些都是感性。客戶決定購買的時候，產品的價值還沒有實現，只是一個未來的狀態，對未來結果的感覺推動我們去買。

客戶之所以做決策一定是因為對結果有了正面美好的感覺，那麼我們出手呈現產品或方案時，就要講結果，把客戶所有的思維圖像投射在未來，帶出感覺。所以「展示優勢，導向利益」時，不能僅僅講你的產品有什麼優勢，而是重點講他買了產品之後會怎麼樣？把客戶帶到未來看結果。給客戶描述一個使用產品的美好畫面，或者說是創造一個場景，讓客戶不但身臨其境，而且心臨其境，享受那種幸福美妙的感覺，從而為客戶累積感性認識以便做出決策。

所有這些對結果的感覺，都要有場景、願景、感受，時間、地點、人物、事件。如何讓客戶體驗到未來的結果呢？下面介紹一個利器：時空＋人物＋行為＋結果。

時空是指在某種情況下，要場景化，讓客戶身臨其境，那幅畫面如在眼前，這是衝擊客戶右腦的關鍵。人物主要是

指客戶。行為是指客戶做了什麼動作、做了什麼事，要具體化，客戶的動作越具體越好，具體到每一個行為人，具體到每一個動作。結果感受是指某種行為帶來的效果和感覺，感受包括看到的、聽到的和感覺到的，一定要感性化，要突出感覺、感受，這是關鍵所在。

因為客戶是靠感性決策的，而我們就是要為客戶的右腦累積決策的感性。具體描述就是：在某個時間、地點（某種情況下），某人做了某個行為，帶來了什麼樣的結果或感受。這是一個在某個具體場景的描述，把客戶帶入未來的場景，讓他去體驗美妙的感覺。然後用確定類問題去徵求客戶的感受。這個利器的關鍵是要把客戶放在具體的場景裡面，讓他去想像使用我們的產品或方案之後，會是一種什麼樣的感覺。

分享一個我為「安全煞車片領導者品牌」策劃的案例。

煞車片是汽車最關鍵的安全零件，經過市場調查發現車主換煞車會關注幾個主要因素：易磨合、緊急時刻煞得住、煞車穩定、低噪音、煞車感覺舒適、使用壽命長、不傷煞車盤、煞車不軟也不硬（壓縮率合格）、粉塵少、材料環保等。安全和靜音是車主最重要的兩個需求致命弱點，由此結合此品牌的卓越制動性能，設計了一句廣告詞「以靜制動，安全秒煞」。維修員向車主推薦煞車片時，就可以說：「可

以想像一下，當您行駛在擁堵的城市街道上，您在正常的跟車，前面的車突然急煞停下（時空），這個時候，您（人物）迅速地腳踩踏板（行為），您的車迅速地減速，最後停下來了，只差一點點就撞到前面的車上了。因為這品牌煞車片的 HPT（高溫高壓灼燒）工序能使汽車在高速高溫狀態下煞車靈敏，煞車距離比普通煞車片平均縮短 7.6%，比一般煞車片縮短 3.5 公尺的煞車距離，別小看了這 3.5 公尺，3.5 公尺避免了一場追尾事故（結果）。關鍵時刻，『安全秒煞』，您覺得怎麼樣呢？」

客戶會想像，當他真的在高速或緊急煞車時，那種臨危不懼、安全秒煞的感覺！

還可以說：「在正常的煞車情況下（時空），您（人物）憑著自己的感覺踩煞車（行為），車子會勻速停下來，煞車的初始、漸進及放鬆的過程很舒服，煞車的後半程感覺很有力，不軟也不硬，不管什麼速度，一煞就有，車子會非常流暢地停到您想要停到的位置，而且這牌子的煞車片採用新技術摩擦配方和高品質防震防噪零件，讓煞車片噪音縮小到了極限，所以『以靜制動』，隨心所欲（結果）。您覺得怎麼樣啊？」

客戶會聯想到那種煞車像練太極拳一樣的從容淡定、以靜制動的感覺！

再舉一個例子：

每天匆忙工作的都市上班族們經常忽略早餐，甚至有些女性朋友為了減肥不吃早餐，這都是非常不好的習慣。OO飲品就能解決這個問題。我們可以這樣向顧客介紹：「遲到了！來不及吃早餐，怎麼辦？你可以帶上幾包OO全穀快飲（香濃咖啡味）小包裝到辦公室，隨手打開一包，用白開水泡上一大杯，香濃的咖啡搭配上濃郁的穀香，擴散在空氣中，滿室飄香，一口喝下去，便覺穀香醇厚、渾身舒暢，一杯喝完唇齒留香，精力充沛。早上一杯OO，健康美麗不怕餓。你覺得怎麼樣呢？」

這樣的描述能打動客戶，能在客戶腦海裡留下一幅美好的畫面。別人還在介紹產品賣功能的時候，你已經把客戶的需求致命弱點、我們的優勢、使用價值、客戶的感受願景，都融為一體，賣感覺了。這樣會迅速地占領客戶的思想陣地，讓客戶跟著你的感覺走。

三、
別看廣告，看療效

　　跟客戶描述了美好的畫面、美妙的感覺，客戶會不會覺得你描述的這個美麗新世界太虛、太縹緲呢？所以還要讓他心裡很踏實，把這種感覺落地。你要拿出證據，整合一套超級具體的資訊或工具，向客戶證明你所說的都是真的。你可以拿出超級具體的實證材料去證明，你一邊把資料遞給他一邊說：「我們是這樣幫助客戶實現的，您看一看這個介紹。」這是偏於理性的實證。如果沒有實證材料的，你一定要學會「講故事」，講一個具體的、有細節的、有確證感的故事，當然，這些都是你事先編排演練好的。

　　用超級具體的實證材料和有細節的故事，把你描述的美好感覺實體化。告訴客戶：別看廣告，看療效！

　　特別是一些大宗的商品比如房子、汽車等，還有一些非直觀的抽象產品比如證券、保險、會員卡，你在銷售時，顧客看不見、摸不到、感受不到，這個時候用一些實證材料能讓顧客一看就明白，實證材料要形象化、具體化、圖片化、視覺化。

　　比如某產品獲評「年度節能領航品牌」、「年度最暢銷蓄電池產品」等產業大獎或經過××權威部門認定等資料，在演示優勢時不知不覺地使顧客了解證明資料，效果會更好。

現代人已經進入了讀圖時代，人們渴望用一種最簡單直接的方式來體驗這個世界，這是一種回歸。銷售人員如果能「有圖為證」，那麼「一圖勝千言萬語」，既能讓自己少費口舌，又具有強大的說服力。影片會創造出一種親切感，看著臉、聽對方說話，這種感覺很真實。請看下面一個案例：

汽車蓄電池很難從外在判斷品質的好壞，OOO 收集使用了大量的圖片、影片（計程車推廣活動的照片、會議的照片、精品門市的照片、公益活動的照片、客戶見證影片等），使用大量的客戶見證，客戶的興趣自然而然就來了。下面是一段銷售員與潛在客戶的對話：

銷售員：「王總，您剛才說過您的計程車客戶很多，很看重產品的品質。我們的產品在計程車上能用一年以上，在自用車上最少用 3 年，您看這是我們在全國各大城市辦的計程車活動推廣照片。」（拿出計程車活動的照片遞給王總，王總仔細地看了這些照片）

王總：「這些活動的效果怎麼樣啊？」

銷售員：「我這裡有一些簡短的客戶分享影片，您再看看？」（說完打開電腦，放影片，看完一段後總結）

銷售員：「剛才那個客戶是 ×× 縣的老闆，您注意到了嗎？他說：『1 年賣 1,000 多顆，不良品就 1 個。』如果給您的客戶車上裝上 OOO 電池，一年後，他換電池還會到您這

裡來,而且會指名道姓要『OOO』,有回頭客有好口碑,您的生意就源源不斷。您覺得這對您的生意幫助有多大?」

客戶:「確實不錯!」

銷售員:「您想重新裝修一下門市,我們正好有幫助客戶做門市建設的計畫。您看一看這是我們做的一些門市的照片。」(拿出一個裝修前和裝修後的對比)

銷售員:「裝修前,門可羅雀;裝修後,這氣場,懾人心魄啊。王總,您的店面裝上 OOO 的精品招牌,一定會很吸引人的目光,會立即提升顧客的進店率。顧客一走到門口,就會感到很震撼,等他走進店裡,您再向他介紹 OOO 電池,因為他被大品牌的氣場征服了,所以他基本上不會和您討價還價了,這樣就大大提高了您單顆電池的利潤,您覺得怎麼樣?」

客戶:「嗯,挺好的。」

一邊說一邊用實證材料演示,生動形象,有真實感。只要展示到位,客戶就會心悅誠服。

銷售高手一定會講故事。誰都不會拒絕一個精彩的故事,人們對於精彩的故事沒有免疫力,故事能讓客戶的潛意識自動打開。人們一旦開始接受你的故事,就說明你的產品已經潛入他的意識,進入客戶的心坎裡。

可口可樂講述了一個「將藥水變成飲料」的故事;香奈

兒講述的是一個獨立而自信的女性的故事；愛馬仕講述了一個極致手工的故事；哈雷摩托車講述了一個叛逆者的故事。

我們看電影，主角的名字可能記不清，但是他們的故事卻深深地留在我們記憶裡，這就是故事的力量。

我們看看兩個關於銷售員介紹設備的例子：

Ａ：我們的 ×× 設備是國際知名品牌，在國內市場占有率很高，產品品質得到用戶的廣泛好評，同類產品中我們的性價比最高，投資報酬率最高，能大幅度提高生產效率，我們的售後服務是同行中最好的。

Ｂ：我知道 ×× 設備在生產中起著很重要的作用，設備投資很大，一定要有很高的投資報酬率。市場上有很多 ×× 設備的品牌，但是能找到一個值得信賴的品牌並不多。Ｃ客戶使用我們的設備後，反應生產效率提高了 35%，而且更便於一線人員操作。去年 7 月，有一天，室外溫度高達攝氏 42 度，我們的維修人員小明接到了 Ｃ客戶的維修電話，滿頭大汗地乘車趕往現場。此時設備的表面溫度已達攝氏 65 度，滾燙的讓人不敢碰。「一定在明天開工之前修好！」小明對客戶的承諾擲地有聲。經過仔細的研討後，小明打起精神開始修理，整整堅持了 20 個小時不眠不休的工作，最終在第二天早上 8 點把設備修好了。我們的服務精神讓 Ｃ客戶很感動，又追加了兩臺設備的訂單。

　　A 銷售員是「老王賣瓜」式的自誇和承諾，B 銷售員提供了實實在在的證據，一個故事迅速拉近了和客戶心裡的距離，讓客戶可以放心地選擇他。

　　故事可以不是親自經歷的，但一定要真實。這樣能激發客戶的興趣，讓客戶參與進來。平時要收集客戶用過產品產生的好結果，把本產品成功的案例累積起來，並把它們整理編寫成冊，爛熟於心。透過對客戶講述其他有影響力的客戶的成功經驗，讓客戶相信並產生購買欲望。

　　完整的客戶成功的案例，有五個部分：

1. 狀況：客戶當時所處的環境狀況；
2. 致命弱點：客戶當時遇到的問題；
3. 病因：產生此問題的原因；
4. 方案：解決此問題的方案；
5. 結果：最終的明確結果。

　　下面以 JJ 諮詢的一個成功客戶案例來說明：

　　我們有一個汽配客戶，經營汽車蓄電池、機油等產品，員工 30 人，銷售人員 10 人，去年銷售額 1 億元。（狀況）

　　他遇到的問題是：銷售團隊士氣下滑，暢銷的利潤低品牌銷售占比高達 85％，新客戶增加數量少，老客戶流失率大。（致命弱點）

　　經過分析研究，這些問題的原因是：銷售的目標沒有達

成共識，行銷策略不清晰，老員工安於現狀、進取心不強，業務流程不熟練，不注重客戶服務。（病因）

和客戶反覆探討後，專門針對這些問題，我們開發了為期三天的 ×× 培訓課程。（方案）

培訓結束 1 個月後，銷售團隊士氣大振，人均單產提升 30％，高價值的產品銷售比例提高到 60％，新客戶增加了 100 家，老客戶基本沒有流失。（結果）

講結果，一定要有超級具體的可以量化的細節，比如：省了多少錢、利潤增加了多少、節約了多少成本等。隨著你講述客戶成功的案例越多，客戶對你的信任度越大，同時也在向他們暗示：你比他遇到的其他銷售人員要更了解自己的客戶。這時，你在客戶心中，已經是與眾不同、無可替代了。

四、
引導客戶體驗，讓他欲罷不能

體驗是一種創造難忘經歷的活動，是銷售人員以服務為舞臺、商業為道具、客戶為中心，創造能夠讓客戶參與並使其記憶猶新的活動。

我們在家裡喝一杯咖啡的成本是幾塊錢，在星巴克喝一杯咖啡要 150 元左右。星巴克的厚利經營賣的就是「體驗」。你一進門，就能聽到服務員一聲悅耳的「歡迎光臨」，看到一個微笑，聞到濃濃的咖啡香味，聽到優美的音樂，感受到柔和的燈光和溫馨的環境，這些都是要收費的。星巴克透過刺激聽、觸、嗅、看、味五種感覺，從而調動客戶的感官、情感、思考、關聯等感性和理性因素。所以客戶在售前、售中、售後的體驗才是購買行為和品牌行銷的關鍵。

我的好朋友何先生和他的幾個朋友創辦了一家健康食品公司，在食品安全問題頻出包和現代人追求五穀養生的當下，他的產品從大勢上占據了優勢。但是市場上的同類產品也有很多，如何讓廣大消費者迅速知道他們公司的優勢呢？用什麼樣的內容？用什麼方式傳播？傳播到哪些人群呢？最後創意團隊提出了「跟著巨星遊遍參觀工廠」的「體驗行銷」的方案。把公司打造成「參觀工場示範基地」，不但擦亮了當地參觀工場的名氣，而且讓遊客在欣賞美景的同時，

造訪健康聖地，探尋五穀養生的祕密，和明星親密接觸，讓旅行充滿神奇的色彩。

我們來看一下這公司在體驗行銷上的值得借鑑之處：

（1）創造體驗環境。工廠內部到處都是「別有匠心」的布置，都說細節之處見功夫，來到這裡，就像置身於美麗的花園。內部給人的第一印象就是乾淨，幾乎可以用一塵不染來形容。遊客沿著廠區彎曲的水泥路前行，可以看到一邊是平整的廠房、辦公區，一邊是綠茵茵的苗圃。微風中小樹紅花點頭微笑，恍若來到大花園。一側的路邊，一枚小巧的魁簷涼亭靜靜地立著，亭下的小水池裡，細長的紅鯉魚在清澈的水中游來游去，無聲地講述著牠們在這裡的快樂生活。

（2）創造體驗內容。當遊客沿著開放通道緩緩進入工廠參觀時，可以透過寬敞的玻璃窗，清楚地看到穀物在不同生產工廠內被清洗、儲存、加工、烘製的情形。工廠是全自動流水線，工作人穿著潔白的無塵服、全程戴口罩操作，每一個環節都潔淨無塵。遊客親眼見證了其一產品的生產過程，吃起來當然更放心。當遊客經過一個展廳時，可以看到展廳中圖文並茂介紹全穀物食品營養價值的畫面。展廳中還有一面巨星牆，上面貼滿了代言巨星各個時期出演的影視人物照片，能讓「粉絲」們大呼過癮。

（3）創造體驗氛圍。工廠裡特意設置了一個小型電影

院。遊客可以在這個能容納四五十人的小型電影院內欣賞到代言巨星的銀幕風采。當然，遊客更能了解到更多健康飲食知識，免費品嚐到穀物飲品。如果有人想帶一些回去給家人，就可以到產品販售大廳選購。其實，體驗氛圍中最激動人心的環節是和巨星近距離接觸。遊客會在第一時間發社群分享和巨星的合影。這些有價值的分享會呈病毒式傳播，公司的品牌也因此越傳越遠。

從以上所說的這幾點中我們可以看出，體驗行銷對客戶不僅有著強烈的吸引力，同時也賦予了產品品牌獨特的差異亮點，使品牌在市場中脫穎而出，讓人眼前一亮。

所以，我們在進行產品展示的時候，要盡量讓客戶參與進來，讓他看到、聽到、聞到、觸摸到、感受到、使用到你的產品。讓客戶獲得最佳體驗的同時，要時刻將客戶與產品緊密地進行結合。

「這件衣服的款式是當下最流行的款式！」

「這件衣服實在是太符合您的氣質了，就像是為您量身定做的一樣！」

如果我們是客戶，上面的哪一句話最容易打動我們的心呢？毫無疑問，第二句對我們更有殺傷力！為什麼呢？因為我們買衣服就是為了修飾自己，如果這件衣服沒有辦法幫助我們達成這個目的，即使它的款式再好看，我們也不會選擇購買。

同樣的道理，如果銷售員在銷售時不知道將產品與客戶進行結合，客戶根本就不會產生體驗的感受，自然銷售也是無效的。只有將客戶和自身的產品優勢無縫地連接起來，才是客戶最需要的體驗，也是幫助銷售員達成銷售的最好方式之一。

　　我曾經培訓過一批汽車銷售員，其中有一個人讓我印象頗深。他在進行產品銷售的時候，就非常注重從體驗的角度來構建銷售的框架。面對不同的客戶，來重點推薦自己產品不一樣的優勢。

　　例如，當他面對一個成功的商業人士時，他就會強調真皮座椅的舒適性和高品味，並且會讓消費者進行試駕體驗，來感受這種舒服的駕駛享受。

　　而當他面對一個需要經常帶孩子外出的客戶來說，他就會著重推薦產品的安全性和相對比較餘裕的車內空間。而且，他會讓客戶在試駕的時候多體驗幾次停車時汽車的穩定性。他明白，這對一個經常載孩子的汽車是非常重要的。面對一個喜歡旅遊的客戶時，他就會推薦一些越野款以及休閒款，突出產品的青春、活潑、自由的風格，讓客戶體驗到那種擁抱大自然的愜意。

五、
激發感性的七個策略

結合前面講的拜訪的幾個步驟，總結一下客戶成交的思維循環：感性→理性→感性的成交思維循環。

拜訪客戶首先要「以情動人」，就是讓客戶感覺「爽」（感性），以達到破冰暖場的目的，這個階段的關鍵是成功地銷售自己，給客戶留下一個好印象，透過提問讓客戶向你敞開心扉。

尋找客戶的致命弱點，要讓客戶覺得你理解了他的致命弱點，調頻同步是要站在客戶的立場幫助客戶分析採購標準，和客戶共同創造一個方案。分析過程是理性的，還要用「槓桿類問題」，激發客戶的感性，加強他的緊迫感。出手成單這個階段你要把客戶的致命弱點和你的產品和服務連起來，你要告訴他，你的優勢正好可以帶給客戶他需要的價值，正好可以解決他的問題，你要整合超級具體的資訊或工具，向客戶證明你所說的都是真的。最好先從理性去證明，那麼你必須有足夠的、低成本的實證材料；如果沒有，就一定要學會用「講故事」來說明，這個故事必須是具體的、有細節的、感人的故事。

銷售是以感性進去的，最後又是以感性推動成交的。下面的七條激發感性策略是集合眾多心理專家研究統計所得出

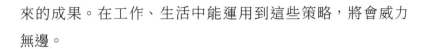

來的成果。在工作、生活中能運用到這些策略，將會威力無邊。

1. 對比策略

　　路邊有一個盲人在乞討，身邊放了一塊牌子，上面寫著：「我什麼也看不到，請幫助我。」施捨的人寥寥無幾，有一位詩人經過，看到這個情境，就修改了那個牌子：「春天來了，我卻看不到她。」於是奇蹟出現了，路人看到牌子上的字，紛紛慷慨解囊。

　　詩人用鮮明的對比，形成了強烈的反差，引起了大家的同情。對比策略是一種潛意識說服策略，當兩種不同的產品放在一起，它們之間會形成一個強烈的對比。這個策略應用在銷售中效果很好。

　　有一個少年，想買一臺筆記型電腦，但他不想用父母的錢，因此就自己打工賣糖果。很多人都認為一個小孩能賣多少東西，但令人吃驚的是，他竟然在一年時間賣出了四萬袋糖果。他是怎麼做到的？原來他用了對比原理。他準備了一張樂透，見到客戶的時候就說自己想買一臺筆記型電腦，所以來賣樂透，一張樂透才五十塊錢，但有可能讓你賺到一百萬。但大家都說五十塊錢太貴了。他一直堅持說看在我勤勞好學的份上幫幫我吧，大家還是說太貴了。於是，他拿出一包糖果說：「五十塊錢太貴，那這包糖果只需兩塊錢，不貴

吧?」於是,顧客馬上買了。這個少年就用這樣的方法,一年賣掉了四萬袋糖果。

運用對比策略銷售的例子現實中有很多。

一些茶館的茶水分高、中、低三檔,但大家會發現,低檔茶水幾乎沒有人消費,那麼商家為什麼不取消這檔茶水呢?其實商家設置低檔茶水並不是要從這檔茶水中獲利多少,而是為了讓顧客進行對比並讓其自我博弈,最終選擇中、高檔茶水。

一件夾克,擺在 2,000 元的夾克旁邊,可以輕鬆賣 1,000元;如果擺在 500 元的夾克旁邊,它就很難賣出高價;網購商家經常用醒目的字體標註:專櫃同款(或明星同款)的××產品價格便宜××,運用對比策略增加產品的價值感。

對比策略就是讓客戶透過新產品和原來產品的對比,或者幾款產品的對比,得到物超所值的感覺,最終激發客戶的購買欲望。顧客不是想買「便宜」的產品,而是想「占便宜」,如果你能讓客戶有「占了大便宜」的感覺,那麼即使你的產品再貴,他也會趨之若鶩。

2. 從眾策略

一個人很容易認同多數人都認同的提議,這就是從眾策略。從眾策略如果運用到銷售中,則可以幫助你建立信用度,激發客戶的興趣。客戶一定會很好奇:「為什麼那麼多

人都用了共同的產品？」同時，從眾策略也會給客戶一種安全感：「別人都用了，我用了肯定沒問題。」

購買者在做出抉擇時都會感到焦慮，「從眾策略」就是幫顧客消除焦慮。當顧客對你的產品有異議或難以抉擇時，可以用「3F」模式來處理異議。「3F」模式可以歸納為：感覺（Feel）、以前也覺得（Felt）、後來我發現（Found）。透過這種標準應答來使客戶確信自己的決定是正確的。

顧客：「OOO 蓄電池怎麼這麼貴啊？」

銷售員：「我知道您為何會有這樣的『感覺』，其他顧客也有過類似體會，他們『以前也覺得』這東西太貴了。不過『後來他們發現』，就這保固 18 個月的品質，這個價格真是很划算，買一臺賺半臺。」

「從眾策略」利用的是集體趨同效應，讓潛在客戶知道他遇到的問題大多數人都遇到過，他們也是用你提出的方案解決的，這樣他就不會對你的方案產生反抗心理。你只需透過「從眾策略」讓客戶確信自己的抉擇是正確的，就可以大大提高銷售成功的可能性。

3. 稀缺策略

俗話說「物以稀為貴」，當一樣東西是稀缺品的時候，就會被人認為有更高的價值並特別想擁有。

法國著名的包包品牌 LV 在創業初期，銷售額一直沒有

成長，顧客也沒有多少，在很長一段時間，公司上下都處於一種恐慌狀態中，他們知道，皮箱賣不出去，公司就沒有業績，就有倒閉的危險。

有一天，銷售部經理路易斯靈機一動，想到了限量銷售法，嚴格控制皮箱每天的銷售數量，即使每天的銷售量再大，也不能踰越「限量銷售」的規矩，董事會採納了路易斯的建議，沒過多久，購買 LV 皮箱的人就開始絡繹不絕了。

有一名日本顧客，連續三天守在銷售 LV 的店門外，提出要購買 50 只皮箱，但是遭到了銷售員的拒絕，雖然倉庫存數很多，但是限購令就是紀律，每人每天只能購買兩只，越來越多的人聽到這個消息，紛紛趕來搶購 LV 皮箱。

如果某一樣商品要多少有多少，並且什麼時候都有，誰會想要立刻去買呢？銷售員總認為自己在和客戶的溝通中處於弱勢，事實上你的優勢之一就是你的「資源」，而「資源」總是有限的、稀缺的。

例如，對房子而言，每套房子都是唯一的，賣掉了，就不會再有同樣的第二套，這就是資源；對於廣告銷售商來講，雜誌的封面廣告只有一家公司，給了這家就不能給第二家，這就是「資源」；對一個品牌而言，每個城市的代理商只能有一家，被一個客戶獨家代理了，其他客戶就沒有機會了，這也是「資源」。資源是有限的，而這有限的資源對於那些

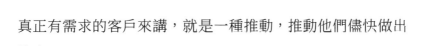

真正有需求的客戶來講，就是一種推動，推動他們儘快做出決定。

「稀缺策略」可以從以下幾個方面來運用：

⊙ 時間：節日打折、限時優惠、店慶回饋顧客等。

⊙ 空間：某地區、某店才有銷售。

⊙ 產品：特定產品沒有貨，需預訂。

⊙ 數量：數量有限，即將售罄。

⊙ 資格：享受優惠需要具備某種資格。

4. 關聯策略

當你喜歡某件東西的時候，你也會同時喜歡和它相關的一些事物，也有可能接受自己喜歡或者尊重的人認可的東西。

比如，汽車旁邊總站著一個漂亮的女模特兒，這是因為商家希望能把女模特兒身上漂亮、性感的一面投射到汽車上，也知道男人們會因為喜歡女模特兒而喜歡上汽車。商家利用了關聯策略，把漂亮的女模特兒和自己的汽車連繫在了一起。

眾多大品牌為什麼總是請時下最紅的明星做代言？營養保健品為什麼都是請一些受人尊敬的知名中年人士做代言？就是因為消費者喜歡他們、尊重他們，因而也喜歡和信任他們代言的產品。我們購買的不僅僅是產品本身，更是購買和這個產品有關的一切感覺和感受。

例如，OOO 的銷售人員在進行銷售的過程中，往往會強調這個品牌是影視巨星做形象代言人，消費者可能沒聽說過這個品牌，但是巨星的形象深入人心，立即增加了對 OOO 的信任感。運用關聯策略，哪怕是非常表面的關聯方式，也會讓你的銷售變得簡單起來。

5. 一致性策略

一致性策略是指我們現在做出的決定是肯定和支持之前所做出的決定的。當我們做出一個決定或選擇了一種立場後，自己的內心或者外部的壓力都會迫使我們之後的決定與此保持一致，以此來證明我們以前的決定是明智的、正確的。

假如你先請某人幫你做件小事，之後再向他提出一個大的、類似的請求，人們就更有可能同意你的請求。我給你一份免費的雜誌，然後我向你推銷一本 10 元的書，如果你喜歡這份雜誌、喜歡這本書，之後我再向你銷售一個 100 元的產品，你就更有可能同意我的請求。這也叫 YES 策略，你讓人們說 YES 同意，先同意小的事情，然後不斷擴大請求。如果你先提出大的請求，對方可能會拒絕，所以要用這個策略，一點點建立，從小的請求到大的請求。

一家公司對自己的銷售員有這麼一個要求，在上門推銷時先問顧客討一杯水喝，就是這個小小的舉動提高了成交比

例。和客戶打交道時，第一筆交易多小都沒關係，不賺錢都沒關係，因為這時需要的是客戶的承諾。只要客戶對我們有了合作的承諾，更大的、更多的承諾就會跟著來。所以，向顧客討杯水喝是從小的請求開始，最終達到大的請求。

6. 權威策略

大部分的人都相信權威，如果提出意見和辦法的人很有權威，人們就會認同他的意見並按照他說的去做。所謂「人微言輕，人貴言重」就是這個道理。

權威能對人產生強大的心理影響力，因為權威代表著社會的認可，代表著絕大多數人的意見，所以人們對權威會變得很順從。銷售人員如果能在銷售過程中巧妙地運用權威的影響力，則能夠對銷售造成很大的促進作用。

如何利用權威策略來激發客戶的感性需求、刺激客戶的購買欲望呢？

引用權威者的話：比爾蓋茲（Bill Gates）曾說過：「網際網路將改變人類生活的各個方面。」

權威同行的刺激：如果行業老大都在使用你的產品，而且效果很好，那麼其他客戶對你的產品也會產生很強的信任感。

OO 安全煞車片公司銷售經理向一家著名的汽車修理連鎖公司銷售煞車片。

對方問：「我為什麼要使用你們公司的產品呢？」

銷售經理說：「因為我們不僅可以保證產品品質，而且可以保證充足的貨源，並且保證及時配送，並配有良好的服務，最重要的是……××集團就在使用我們的產品。」

最後一句話看似不經意，卻對銷售成功造成了重要的作用：你們同行的權威都在使用我們的產品，你們還有什麼懷疑的呢？

透過權威的認證：如果你的產品透過了國家權威機構的認可，就可以將其作為一個賣點來刺激客戶購買。不過認證一定要夠權威，是得到大家認可的認證，而不是隨便的一個證書，更不能是虛假的認證，否則，不但無法得到客戶的認可，還會使客戶對你的產品產生極度的不信任感。

權威傳媒的報導：如果銷售人員所銷售的產品在產業內的權威傳媒上被大肆報導，就可以建立起專業的影響力，從而刺激客戶。比如我在行銷權威雜誌《銷售與市場》發表了一篇名為《汽車蓄電池品牌如何直達人心》的文章，迅速提升了OOO蓄電池品牌的影響力；以「啟動夢想，贏在路上」為主題的OOO巡迴勵志演講在各個學校舉行，不但把夢想的種子播撒在廣大學子的心中，而且被電視媒體爭相報導，贏得了社會的一致好評，讓「啟動夢想，贏在路上」這句廣告詞迅速紅遍大江南北。

7. 遺憾策略

如果我們因為某件事情沒有做而感到遺憾，我們就會立刻行動。利用客戶的遺憾心情也可以促成銷售。

喬治·盧卡斯（George Lucas）籌拍《星際大戰》（*Star Wars*）時，沒有投資人支持他，他跟一個製片人這樣談：「如果當初《007》找你投拍而你拒絕了，現在你會是什麼感覺？」這位製片人果然開始重新考慮他的意見。《007》是當時熱賣的電影，但籌劃拍攝時也沒有人願意拍攝。

星巴克咖啡想擴展版圖時，去找投資人，有人嘲笑他們：「誰會願意花 3 美元去買一杯咖啡？」星巴克的銷售人員後來找到了資金，他再去見當初那些投資人時，帶上了星巴克一天的收入發票，並告訴他們，這個數字再乘以 5,000，這些投資人看到這些數據後，感到非常遺憾並後悔。

如果我們能給客戶製造出遺憾心理，並利用客戶的遺憾心理，把遺憾策略和自己的產品銷售方案連繫在一起，告訴客戶，如果他們不採用自己的產品或方案，他們將會非常遺憾。

第六章

獲取承諾 —— 沒要到承諾不痛快

　　拿不到客戶的承諾，銷售就是一場空！獲取客戶承諾，這是擺在每一個銷售員面前的最重要的問題。當然，不是每一次銷售員都能夠得到客戶積極的回饋。可是只要我們正確地判斷出客戶的「信號」，繼而採取正確的措施，相信每一個我們拜訪的客戶都可以成為成交的客戶。

　　如果客戶還是要拒絕我們？不要擔心，要知道：客戶很有可能是對我們的產品存在一些誤解，還有可能是因為我們產品的一些「致命傷」，又或者是對我們的產品還有一些懷疑。只要我們掌握了本章中一些「化骨綿掌」的絕技之後，便可輕鬆解決掉這些問題。當然，銷售永遠沒有完結之說。一次好的銷售往往意味著一個更好的開始。而要實現這點，我們就要學會為自己的銷售做加法。

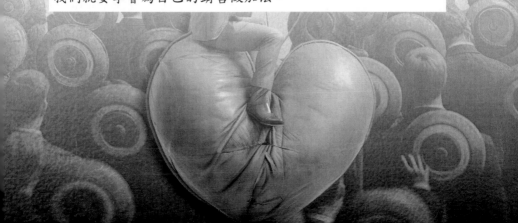

一、

沒有及時得到客戶的承諾，銷售就是一場空

當銷售員得到客戶的承諾，並且促使客戶成功地簽訂合約後，這才稱得上是一個銷售過程的完結。然而，有很多銷售員在推動客戶承諾方面，總是沒有辦法達到預期的效果，在客戶不斷推託的過程中，銷售成功的機率也開始變得越來越小。

我經常說：「銷售員因為自己的原因錯過了一個客戶，那麼這就是銷售員的一個嚴重的過錯！只有用這樣嚴格的標準來要求自己，才會給銷售員帶來一種心理上的緊迫感，從而提高自己的工作效率。」

一項關於銷售的研究表明：在客戶的拜訪中，只有38％的銷售員努力地在會談中要求得到客戶的承諾，有62％的銷售員則根本沒有要求獲得客戶的承諾。正因為如此，有很多銷售員就這樣活生生地和自己一些潛在的客戶擦肩而過。

如果不想讓這樣的過錯再發生，我們就需要採取一定的措施。然而行動之前，我們先來總結一下產生這種現象的一些原因，這樣提出來的解決方案才能更有針對性。

1. 沒有設定承諾目標

成交是由客戶的一系列行動承諾構成的，客戶和我們一起連續上了幾個臺階，我們的銷售才能到達成功的巔峰。關

於設定承諾目標的重要性，我在第一章已經進行了非常詳細的注解，這是銷售員一項非常重要的準備工作，我們也可以形象地說這是銷售員接下來行動的一個指明燈，在客戶拜訪中的一切行動，都應該以其為行動綱領。

我們拜訪客戶時，應該以客戶的需求致命弱點為中心，每個致命弱點逐一進行，拜訪結束時再進行總體回顧、總結、確認、推動。所以，我們拜訪客戶時，如果是一次面對客戶的一個需求致命弱點，那麼你就要跟客戶獲取一個行動承諾；如果是一次面對客戶的多個需求致命弱點，那麼你就要一次獲取客戶多個行動承諾。如果沒有想到這一點，銷售員當然會像無頭的蒼蠅一樣，在會面中忽略向客戶要承諾這件事。

2. 錯過了購買的信號

一名機智的銷售員，在發現客戶需求的同時，還會時刻關注著客戶身上的「購買信號」，這些信號既有行動上的，也有語言上的，甚至小到一個微笑的表情。透過對客戶這樣的觀察，他們可以很巧妙地揣測到客戶的購買心理，進而採取相對應的措施，在第三節中，我們將針對這一方面的內容做更加詳細的講述。

那些最終沒有和客戶簽訂成交合約的銷售員，也有很大一部分原因就是因為沒有及時察覺客戶發出的「信號」，進而錯過了銷售的最佳時機。

3. 銷售人員缺乏一套承諾流程

很多人會想：「行動還是不行動，是由客戶自己決定的。我們怎麼跟客戶要行動承諾呢？」這就需要我們針對自己期望獲得的行動承諾準備「獲取承諾」的問題，這才是我們和客戶會談中的「點石成金」之筆。想要獲取客戶的承諾，不是一件一蹴而就的事情。如果有了一套良好的流程掌控，就可以避免銷售員手忙腳亂的現象。

我將向大家介紹一個獲取客戶承諾的利器，幫助銷售員面對客戶時，能夠輕鬆獲取對方口中的承諾。

這個利器主要分為三個行動步驟：

1. 重申價值

特別是對於大客戶銷售，銷售週期會拉得很長，可能持續一年半載時間，客戶獲取了大量的訊息，時間一長，對前面談到的事可能就會遺忘了。所以我們每次和客戶會談的最後，都要總結陳詞，幫助客戶梳理一下他的思想，重溫一下他的需求致命弱點，重新強調一下我們的產品或方案能夠解決他的致命弱點、給他帶來價值，加強他的緊迫感，向他預告我們就要邁向成功的巔峰了。

銷售：「您看這電池我給您介紹了，我來總結一下，OOO 這樣的一個國際品牌蓄電池，您的進貨價格和中檔品牌一樣，您對它的性價比也比較認可；而且我們幫您做精品

門市，提升形象，您也很感興趣；我們有豐富的促銷禮品幫您提升銷量。我還有哪些沒介紹到的？您還有什麼要了解的？」

重申過價值後，一定要用「我還有哪些沒介紹到的」或者「您還有什麼要了解的」這樣的問句，檢查一下有沒有遺漏。如果我們遺漏了客戶關心的事情，客戶在最後成交階段突然想起來了，那他就會把這個事情當作討價還價的武器，向你進攻。所以，在你正式報價之前，一定要排除客戶的所有武裝防備，檢查是否有所遺漏。

2. 確認態度

如果客戶沒有其他問題了，我們就要提出拜訪客戶之前設定的客戶行動承諾類問題了。客戶的行動承諾一定是他具體的動作，包括：時間、地點、人物、行為、效果、目的，這些都要在承諾類問題中表達出來。

有兩種方式：直截了當式和探索式。

直截了當式就是直接明確地向客戶提問，比如：「劉總，我們現在就把合約簽一下吧？」

但是這樣，可能會存在客戶抗拒的風險。

為了降低客戶的抗拒，我們可以採用探索式，比如：「劉總，您看下一步我們怎麼做合適呢？」因為經過了前面 5 個步驟，客戶已經有了行動的動力，我們用探索式問句，激發

客戶站在他自己的角度做出決定，先探索一下客戶的想法，
看他有什麼建議。

3. 兩手準備

有兩種情況，客戶有想法和客戶沒想法。

如果客戶有想法，也正好符合我們設定的目標，那就正
合我意，我們就順利進入銷售的下一個階段，在結束會談之
前，跟客戶確定下一次行動的時間地點細節，並做好安排。

如果客戶沒想法，我們就要主動出擊，針對客戶的致命
弱點提出行動承諾問題，來徵求客戶的想法和態度。比如：
「劉總，為了把握這次合作機會，您看接下來是不是可以先
少進一批貨試試，這樣的話，賣得好，您可以多一個利潤的
成長點，如果不好賣，也沒多少風險。我也可以提前做好準
備，您覺得呢？」

二、
繞開「買不買的框架」，直接進入銷售的框架

在我們的日常生活中，都會不可避免地經歷一些銷售的實例。然而，一些看上去很小的事情，有時候卻能夠給我們帶來非常大的啟發。下面，我就給大家講兩個我曾經歷過的事例：

有一次，我們來到一個水餃店裡吃水餃。點完水餃之後，服務員隨口詢問我道：「您想要番茄雞蛋湯還是紫菜蛋花湯？」

想到我平時比較喜歡吃酸一點的東西，於是我毫不猶豫地點了番茄雞蛋湯。

還有一次，我遇到了一位保險銷售員。雖然我已經告訴他我買過相應的產品了，可是他還是非常誠懇地說道：「這是我的名片，不知道我可以記一下您的號碼嗎？如果將來我們再推出一些好的保險產品，我一定會在最短的時間內通知您！今天我就不打擾了。」

說完這番話，這名銷售員拿出手機，做出很誠懇的一種身體前傾的姿態。

看到他這麼充滿誠意，於是我毫不猶豫地告訴了他我的手機號碼。

看上去這兩個都是非常普通的銷售案例，可是不知道你

們有沒有注意到這裡面所隱藏的銷售祕訣。第一位水餃店的銷售員沒有直接問我要不要湯,而是詢問我要什麼樣的湯,不知不覺中我就在她的引導下點了一個湯;第二位銷售員雖然遭到了我明確的拒絕,可是他同樣還是「若無其事」地把我當成他的客戶一樣,承諾將會給我提供比較及時的訊息服務。就這樣,我不知不覺地就成了他潛在的客戶。

其實,我們可以從兩個事例中找到一個共同點:他們都繞開了客戶「買不買」的框架,直接讓客戶進入了銷售的框架。

一家義大利電信公司推出了一項新業務,但客戶總是打電話取消服務,這個問題讓他們非常頭痛。後來,他們想了一個小辦法,輕而易舉地解決了客戶退訂的問題。

之前,他們會告訴客戶:「如果繼續接受服務,則可獲得 100 次免費通話。」後來改為:「我們已經向您的帳戶贈送了 100 次通話,您打算如何使用呢?」

結果,許多客戶不想放棄他們「已經擁有」的免費通話,所以繼續接受該項服務。

這家義大利電信公司並沒有提升服務品質,也沒有給客戶優惠,可為什麼能順利解決客戶的退訂問題呢?

這其中就應用了「換框」原理。當客戶在購買的那一刻,他的行為背後是有一個「框架」的,他所做的行為一定

是在那個框架下的決定。就好像那些要求退訂的客戶，他們當下的框架就是「要不要退訂」，而電信公司給他們巧妙地「換框」了，把客戶從「要不要退訂」的框架帶到了「如何使用免費通話」的框架。

透過上面的三個案例，我們可以了解「換框」在銷售中是個非常厲害的工具，也可以說是改變一個人想法的核心利器。比如，當客戶掉進「價格」框架的時候，如果你不把他從這個框架帶出來，一味地和他糾纏價格，那這個客戶是很難成交的。其實，掌控一個人的思想就是要給他「換框」，從他資源有優勢的「框架」帶到你資源有優勢的「框架」，然後在這個框裡，利用你的資源改變他的思想。

下面我們用一個「約見客戶」的案例來說明。

很多人會用這種方式：

銷售員：「今天可以和您見個面嗎？」

客戶：「今天我很忙，沒空。」

銷售員：「今天週末放鬆一下，出來喝杯茶怎麼樣？」

客戶：「對不起，真的沒時間。」

銷售員：「那您什麼時候有空呢？」

客戶：「以後再說吧，我也不知道。」

如果用這樣的方法邀約客戶，客戶的大腦很容易進入拒絕模式。

　　那麼，怎麼繞開「拒絕模式」進入「直接成交」模式呢？很簡單，就是提問無法回答「不」的問句就行了。

　　銷售員：「劉總，今天是星期天，我們是去喝茶呢？還是吃飯？」

　　客戶：「今天沒時間啊！」

　　銷售員：「那麼我請您吃飯吧。」

　　客戶：「好吧。」

　　當一個人被詢問「哪一個更好」時，對方的思維中不容易出現「不」的想法，或許會產生一種鬆懈的念頭「只吃個飯，大約半個小時，還可以」。

三、
看到這些信號，就是銷售的最佳時機

我們在第一節提出，看到某些信號，就意味著銷售時機的到來，如果銷售員可以巧妙地利用這些時機，就可以在最短的時間內促使客戶做出相應的承諾。那麼，客戶的購買信號都有哪些？銷售員又如何來抓住這些信號呢？在這一節中，我將會針對這個問題，幫大家做詳細的講述。

首先，我們需要了解一下這些信號發出的時機，當銷售人員向顧客介紹了產品的一個重要利益點，或者圓滿回答了顧客的一個異議，客戶就會發出不同的信號。這些信號有語言信號和表情信號。而銷售員就像十字路口的駕駛員那樣，先識別一下不同的信號，再進行有針對性的處理。

在這裡，我們先簡單地將客戶的這些信號比喻成交通號誌，然後對其進行分類：綠燈、紅燈和黃燈。

1.綠燈

交通俗語中有「綠燈行」這樣一句話。顧名思義，這也告訴我們：當客戶身上表現出這種信號的時候，多半代表著客戶有意願和我們進一步探討。這種情況，也是很多銷售員都期望出現的情況。同時，辨別這種信號也是非常簡單的。比如說：

客戶告訴我們：「我覺得你剛才說的話非常有道理！」
而且邊說可能還會有一些點頭的姿勢。

「產品看起來不錯，可是你們的售後服務怎麼樣？」說
這話的時候，客戶緊縮的眉頭可能會有一點分開上揚。

客戶：「這對我的礦山作業幫助太大了，不但可以幫我
省去裝車的費用，還大大加快了我作業的便捷性。」

銷售：「這樣的裝載機，您滿意嗎？」

客戶：「感覺還可以，什麼價位？」

從這些信號中，銷售員可以洞察到客戶有比較強烈的成
交意願。發現這些之後，銷售員最應該做的是快速催單。

有一位銷售員挨家挨戶推銷吸塵器，他費了很大力氣讓
一個家庭主婦打開緊鎖的房門，允許他進門介紹產品。他一
邊介紹他的產品，一邊展示產品的功能。當他滿頭大汗地介
紹完畢，銷售員發現主婦並沒有提出要購買，於是說了聲
「謝謝」便黯然神傷地離開了。這位主婦的丈夫回到家後，
她對她的丈夫說：「今天有一個人來推銷的吸塵器真的很棒，
不但能吸沙發的縫隙，還能到處跑吸塵。」丈夫說：「既然
那麼好，妳怎麼沒買呢？」主婦說：「是很好啊！可是那個
銷售員沒開口讓我買啊！」

很多時候，銷售員不好意思要求客戶購買，特別是面對
熟人總張不開口。這其實是對自己的產品不自信。所以看到
購買信號一定要果斷要求。

2. 紅燈

在交通號誌中，紅燈代表著一種比較危險的情況，如果駕駛員盲目地闖紅燈，輕則扣分，重則很可能會造成嚴重的交通事故。在銷售中也會有這樣的情況，我們將客戶那些比較消極、直接的回饋統稱為紅燈信號。

例如：

客戶說：「你們這個牌子沒有聽說過，還這麼貴！」在說這話的同時，客戶的表情中會帶著一種懷疑、冷漠的神情，而且多半會眉頭緊鎖。

還有的客戶會帶著不屑一顧的表情說：「你吹得天花亂墜，產品哪有那麼好！」

這些都是常見的一些「紅燈」信號，當客戶對我們產品的某些方面不太滿意的時候，通常會有這樣的反應，我們也可以將其看作拒絕的信號。

3. 黃燈

當客戶發出「黃燈」信號的時候，多半代表著一種猶豫不決的心態。比如說，客戶可能會這樣告訴銷售員：「我覺得還是要和合作夥伴商量一下。」

或者是客戶做出咬著嘴唇沉思的樣子，或者是托著腮幫子沉思，並且用詢問的語氣問道：「你覺得這款產品適合我嗎？」

還有的客戶會用抓頭髮、咬嘴唇等一些坐立不安的動作來告訴銷售員:「我還是要再慎重地考慮一下!」

讓我們來分析一下客戶產生這種心理的原因:

訊息有限、環境陌生、對自己需求無法明確等原因都可能會讓客戶產生這種「等一等」的情緒,所以往往下決心比較困難。經過左右的權衡,經常是各種因素像一團亂麻在心中纏繞,難以理出頭緒。

紅燈和黃燈都意味著客戶有所顧慮,怎麼辦呢?請看下一節。

四、
化骨綿掌化解客戶的顧慮

銷售中我們經常會遇到這樣的「紅燈或黃燈」情境：

銷售人員經過一番苦口婆心、深入仔細的介紹之後，滿懷期待地希望能從客戶口中得到訂單承諾。有的客戶會讓他們如願以償，爽快應允；而有的客戶甩給他們的卻是一句冷冰冰的「不好意思，我要再考慮考慮」。

客戶的「客氣」很容易讓銷售員喪氣。得到客戶這樣的回答，可能很多銷售員頭腦中都會條件反射地得到這樣一個訊息：「這筆訂單看來是沒有希望了。」故此，狼狽地結束了自己的銷售。

客戶做出決策，就是要採取行動改變現狀，人們對於未知會有本能的恐懼。對於掏錢購買，人們總是謹慎而且懷疑，就像你去買一臺電腦，在決定之前已經看過了很多品牌，也了解了很多，但到了要掏錢的時候，還是要反反覆覆多看一看，怕自己做錯了決定。特別是大客戶大宗商品的銷售，採購比銷售更難，買對了是應該的，買錯了你就錯了，每個人都害怕買錯。我們去商場購物，對於過分熱情的銷售員，總是很反感，這是為什麼呢？

在我的銷售課堂上，我會經常邀請兩名學員上臺玩一個名為「看誰贏得多」的遊戲。遊戲規則：兩個人弓字步面對

面站著，雙方的右手握在一起，要求兩個人同時向對方用力推，如果其中一方把對方的手推到他身體的後面，就得到一分。一分鐘之內，看誰的分數多。

開始的時候，雙方都很用力，但是力量越大，反推力也就越大，以抵消對方的推力。因為他們一直處於一種僵持狀態，所以儘管他們都竭盡全力，但是他們的得分都很低。那麼有沒有方法可以讓他們兩個人的分數都很高呢？辦法就是：你讓我贏一分，我讓你贏一分，這樣你來我往，毫不費力，實現雙贏。

透過這個遊戲讓大家看到：你越是強迫銷售，客戶反作用力越大。銷售是順勢而為、水到渠成的事。所以當客戶有顧慮時，不要增加銷售力度，而是採用「化骨綿掌」。

化骨綿掌是武林中有名的內家功夫，其精髓就是以柔克剛，爆發力強。

這樣一種武林絕學，只要稍加轉化，在銷售江湖中同樣可以發揮威力，尤其是在推動客戶成單方面，其作用更是立竿見影。

事情就是這樣，成功與失敗，往往就在我們的一念之間；江湖中的多少次高手對決，也往往就是贏在了一招一式。要想在銷售江湖中遊刃有餘，我們就不能夠放棄每一次成交的機會；要想峰迴路轉，就不得不修煉「化骨綿掌」的

絕技；要想精修這門絕技，就不得不掌握幫你速達的「江湖利器」。

雖說客戶顧慮的類型有很多種，我們將會在下面的章節中一一講解，可是正所謂「一通百通」，我們下面所要講述的江湖利器，它們循序漸進，對消除客戶心中的顧慮將起著提綱挈領的關鍵作用。

1. 學會傾聽

傾聽是溝通藝術中的一門非常重要的學問，而我們的銷售又多半是以溝通為基礎，因此，學會傾聽對我們銷售的作用也就不言而喻了。

學會傾聽，首先要謹記不能隨便打斷對方的話語，而且還要透過一些表情和肢體動作來傳達出自己的真誠。一個眼神的交流，一個表示默許的點頭，都能讓對方感覺到你的誠意，自然也就會對你敞開心扉了。

結合消除客戶顧慮的具體情況，我們僅僅做到這些還不夠。在傾聽的同時，我們還要嘗試著讓客戶進行更加充分的表達，能夠毫無保留地告訴我們他心中的所有顧慮。

在對行銷人員進行培訓的時候，我經常提到要多用「還有呢」、「您再仔細想想」、「您繼續」等語句來激發客戶的講述欲望，以此來幫助我們「對症下藥」地消除客戶的顧慮。

2. 要有同理心

很多銷售人員在銷售的過程中都很容易定位失誤。有的人保持著高高在上的姿態，而有的人卻扮演著畢恭畢敬的角色。我們通常說的「客戶是上帝」，只是說我們在服務上要盡善盡美，提高或者降低我們的身分都是錯誤的做法。客戶有時候需要的，就是一份同理心。當他們心中有顧慮的時候，你的這份切合時宜的同理心更是打破他們顧慮防線的利器。

耐心地傾聽了客戶心中的顧慮之後，即使是我們已經想到了辯駁的證據，也不能夠在這個時候表達出來。一句簡單的「我非常理解您此刻的想法」，馬上就可以讓客戶視你為同一個戰壕裡的戰友。這個時候我們再說出客戶的想法，不是更容易讓人信服嗎？

3. 具有探索意識

當我們適時地表達出了自己的同理心之後，客戶和我們的關係就會向前進一大步。在這個前提下，我們起碼已經了解了客戶心裡有哪些顧慮。可是要想真正地消除這些顧慮，我們還需要發揮一下探索精神，向下挖一挖客戶為什麼會有這些顧慮？這才是解決問題的關鍵。

我有一個學員在我的課堂上分享，面對客戶的顧慮，他有一個祕訣就是探索式提問。比如客戶說：「價格太高

了！」他會用探索式的問句提問：「是什麼原因讓您這麼想的呢？」、「您為什麼這麼說呢？」、「還有呢？」、「除此之外，還有呢？」、「之後呢？」提問完後，立即保持沉默，傾聽客戶的回答，讓客戶暢所欲言。

客戶說得越多，對你越有利，可能剛開始客戶說的理由不一定是真的，但是當你不斷地探索式提問，客戶會進入沉思狀態，謹慎地思考，說出他顧慮的原因。這時你就可以挖掘更多的訊息，做出判斷。

4. 結合顧慮的類型出牌

當我們追根問底，了解到客戶的顧慮之後，接下來要做的就是在整個消除顧慮的過程中重之又重的事情 —— 結合客戶的需求，正確出牌消除顧慮。

客戶的顧慮分為三種：

⊙ 缺點：無法迴避的致命傷，確有其事。

⊙ 誤解：對方掌握的訊息不全面或者是錯誤的。

⊙ 懷疑：不信任，沒有原因、沒有理由、莫名其妙擔心，猜測。

這個過程中，我們最重要的就是要學會判斷。針對客戶的顧慮，一針見血地提出解決的辦法。這就是所謂的「結合顧慮的類型出牌」。下面我會詳細介紹如何消除這三種顧慮。

五、
「我很醜可是我很溫柔」，擺平「缺點」

在為客戶的顧慮分類的時候，有一種顧慮類型可稱為「缺點顧慮」，換言之，也就是由於產品的致命傷而引發的顧慮，同時，這也是一種比較難消除的顧慮。

比如說：產品的價格太高，知名度太低，產品沒辦法進行終身保固等，這些都能直接引發客戶的顧慮。難道，我們真的要放棄產生這些顧慮的客戶嗎？

事實上，每一件事情都有它的解決之道，我們也沒有必要為此而放棄。參考那些知名品牌的品牌故事，他們也是一步一腳印地做大做強，必然也經歷了消除客戶由於產品致命傷而產生顧慮的過程。由此可見，消除客戶心中的「缺點顧慮」，我們並不是無跡可尋。

逃避永遠都不是解決問題的好辦法，唯有面對事實才是解決之道。

有很多銷售員經常在客戶問到「致命傷」問題時啞口無言，又或者是牛頭不對馬嘴地扯到其他話題上面，想要轉移客戶的視線。這其實是一種非常笨拙的辦法。

聰明的做法應該是：我們首先要對客戶的話表示一定程度上的認同，對既定的事實不能有完全否定的意思。這樣才能顯得我們更真誠一些，不會讓客戶產生排斥心理。

向客戶陳述我們的理由，這也是我們消除客戶「缺點顧慮」的關鍵。

首先我們要整理清楚自己的思路，讓語言更富邏輯性。在結構上，我們首先還是要「承認自己的醜」，不逃避所有的問題；然後，再循循善誘地指出我們仍具有一顆「溫柔的心」，進而讓客戶理解或忽略到我們很醜的事實，也就成功地消除了客戶心中的「缺點顧慮」。

作為汽車蓄電池產業的佼佼者，OOO 品牌也有自己的競爭對手，同樣也會遭遇到一些品牌對比中所產生的「致命傷」問題。比如說：

OOO 的行銷人員在銷售過程中，經常會遇到客戶這樣說：「OOO 的價錢太貴了」。

客戶的顧慮很明確，而且確有其事。面對這樣的問題，讓我們來看看 OOO 的行銷人員是怎麼消除客戶顧慮的。

OOO 員工：「我們的很多客戶一開始也都是這麼說，可是兩年下來，他們都反應我們的 OOO 電池的性價比是非常高的。您為什麼會這樣認為呢？」

客戶：「比 ×× 品牌都貴。」

OOO 員工：「我理解您的想法，正如我們前面談到的做生意是為了賺錢，對嗎？您真正關心的不是進貨價的問題，是怎麼才能銷售更快，利潤更高。我們承諾你獨家經營，這樣你的單顆利潤比你現在經營的產品都要高一些。而且產品

的品質好，連計程車都可以用 1 年以上，會給你帶來良好的口碑。畢竟車主想要一顆品質可靠的電池，您希望得到更高的利潤、更順暢的經營。為了提升您的店面形象，我們幫您做精品店面招牌。我們可以幫您做店面銷售培訓，您多說幾句話，就能得到更高利潤、更多價值。您覺得怎麼樣？」

我們再來參考學習一個案例：

客戶：「OOO 的牌子知名度太低，不太好賣……」

「我能體會您的感受。我想問一下，您最擔心的是什麼呢？」銷售人員耐心地詢問道。

考慮了一下，客戶才說出真相：原來推薦新品牌要費很多的口舌，他擔心工作人員都會覺得這很麻煩。

了解了問題所在，銷售人員也就更有把握了，於是說道：「我明白您的想法，您擔心增加技師的銷售壓力，出力不討好，是這樣嗎？（稍停頓）OOO 這個品牌是影視巨星做形象代言人，消費者可能沒聽說過這個品牌，但是巨星的電影形象深入人心，肯定會讓他們增加對 OOO 的信任感。我們可以負責做幾期銷售技能培訓，讓您的技師能夠更容易說服車主接受高檔品牌。同時幫您做店面裝潢，一流的店面會給車主一流的體驗，給車主強大的購買理由。而且推出『自用車保固期 18 個月』的服務，會讓消費者感覺到：『敢保 18 個月，品質肯定不會差。』經營修理廠，提升單顆利潤很重要，您的技師多說幾句話，就可以多賺很多利潤，您覺得怎麼樣啊？」

六、
提供全面完整的訊息，消除「誤解」

　　當客戶對產品產生誤解的時候，銷售員也很難讓客戶簽訂合約，只有解開客戶的誤解，才能夠重新贏得他們的信任。有很多銷售員在客戶因為對產品存在誤解而提出拒絕時，只知道盲目地繼續對客戶進行介紹，最後導致說服客戶的難度越來越大。

　　其實，只要掌握了那些幫助客戶消除誤解的方法，我們就可以順利和客戶進行溝通。在這些之前，我們首先要判斷客戶的哪些拒絕代表了他們的心中存在著誤解。

　　正像我們前面所提到的那樣，客戶的每一個決定其實都可以透過一些「信號」表現出來。因此，當客戶對產品存在誤解的時候，也會透過一些語言和表情展現出來。通常來說，客戶在提出自己的意見時露出很肯定的表情，就意味著他可能對產品有一定的誤解，而且，他通常會把這種誤解向銷售員陳述出來。比如說：

　　「你們的產品在市場上根本就沒有號召力。」

　　「你們的產品要比同類產品的價格貴很多。」

　　透過諸如此類的一些話語，客戶通常會直接把這些問題拋到銷售員面前。那麼，銷售員應該如何化解這種問題呢？下面，我將透過一個銷傲江湖的利器，來告訴你如何成功地

消除客戶心中的誤解，進而拿到客戶的承諾。

在本書中，我已經不止一次地強調了用具體的事例回應客戶的重要性。無論客戶處於哪個階段，這種具體的事例都能更吸引客戶，也更容易說服客戶。不怕你拿不出好的例子，就怕不拿出更具體的例子。銷售員應時刻按照這個標準來要求自己！

在實踐中，我也遇到過一些客戶心中對產品存在誤解的例子：

客戶：「OOO 不打廣告，在市場上不好賣。」

我：「我對您的想法非常理解，您說得這一點對產品來說非常重要。可是您為什麼說 OOO 沒有廣告呢？」

客戶：「沒電視廣告，缺乏一定的知名度。」

我：「您的意思是在車主層面建立 OOO 的知名度，同時建立銷售氛圍，配合您的銷售，是嗎？」

客戶：「是的。」

我：「我們在品牌建設和協助銷售方面做了很多工作，而且都是圍繞車主層面的。比如，我們針對計程車做了很多推廣，我們網站上都有詳細報導。其次，在汽修廠和專賣店做大量的宣傳營造氛圍，比如精品店面招牌、宣傳展示架、促銷禮品等。還有『啟動夢想，贏在路上』的巡迴演講，這些都會迅速提升品牌知名度。」

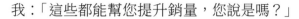

我：「這些都能幫您提升銷量，您說是嗎？」

在我親身經歷的案例中，我就巧妙地運用了一些比較具體的事例來說服客戶，包括：宣傳展示架、促銷禮品、巡迴演講等，這些都是可以給客戶帶來一些比較直觀的印象的東西。聽了我這麼詳細的介紹，客戶當然會消除自己心中的誤解了。

客戶是我們的上帝，如果在銷售的過程中讓「上帝」丟了面子，即使你使出渾身解數，怕是也不能讓客戶對你的產品有好感了。例如，當客戶提出我們的產品知名度低的時候，銷售員就不能用一些比較生硬的語氣說：「大概是因為您平時不怎麼看電視吧，我們的產品是由某某著名影星代言的。」

即使你自己所說的都是事實，可是這樣的陳述方式只會給客戶帶來傷害。如果換成下面的這一種陳述方式，效果可能就會好很多。「您整天的工作這麼忙碌，肯定沒有閒暇的時間去上網、看電視。其實我們的產品在一些電視臺的黃金時段都有廣告，而且我們請到了某某著名影星傾情為我們代言。相信有很多觀眾已經對我們的品牌非常熟悉了。」

這樣的回答就巧妙地避免掉了一些讓客戶尷尬的話語，保住了客戶的面子，這也就給我們接下來的合作留下無限的可能。

　　由此可見，遇到客戶因為誤解而產生的誤解，銷售員真的無須擔心，掌握了我們上面所講的這些利器，保證你能夠順利地解決掉客戶心中的所有疑問。如果你還在擔心自己無法靈活掌握，就不妨按照下面的這個例子進行模擬訓練吧！

　　銷售：「我想了解一下，您為什麼有這個顧慮呢？」

　　客戶：「我聽說現在市場上的 OOO，很多客戶價格都賣得很低，這樣哪有利潤啊？」

　　銷售：「我明白您的想法，您的意思是擔心賣不上好價錢，無法保證利潤，是嗎？」

　　銷售：「這一點我們是有共識的。第一，我們實行區域保護，讓您獨家經營，確保利潤。第二，我們限定最低保護價，不能低於最低保護價出貨，違者停止發貨。我們重建的價格體系給您看一下，常用型號大約有 ×× 利潤，您本月拿到的價格為 ××，您的銷售價格為 ××，零售利潤為 ××，利潤率為 ××，您看這樣的利潤程度還不錯吧？」

　　銷售：「當然了，這樣的價格體系要想長期保持下去，還需要所有的經銷商、零售商有信心，共同維護。我們會長期堅持指導零售價格，使所有零售商都信任別人完全執行這個價格體系，這樣所有零售商會和您一樣向車主推薦同樣的價格，價格體系就維護住了。是嗎？」

　　銷售：「您看，這個價格體系維護方案和區域保護，您是否滿意呢？」

七、
用強有力的證明擺脫「懷疑」

「你們的產品真的是一年半的保固期嗎？」

「你們產品的壽命真的要比一般的蓄電池更長嗎？」

拜訪客戶的時候，我經常會遇到客戶提出的一些諸如此類的問題。在這裡，他們沒有陳述的句式，而是選擇了疑問句。其實，這也恰恰反映出了他們內心真實的想法：他們對我們的產品並不是百分百的滿意，還有一些疑問需要我們銷售員進行解答。

如何成功地打消客戶心中的懷疑，對銷售員來說也是一件重要而緊迫的事情。同樣，我們首先需要對客戶的這種懷疑心理的根源進行分析。

這主要由兩方面的原因構成：一方面是由於客戶自身的判斷力的影響；另一方面是由於銷售員在進行產品介紹的時候不夠詳細。因為我們無法左右客戶的判斷力，所以要想消除客戶心中的懷疑，就只能從銷售員的角度入手，增加客戶對我們產品的好感。那麼，具體應該如何來做呢？此處的銷售利器又是什麼呢？

我這裡所指的工具是一個非常普遍的致命弱點，只要是對我們的銷售有利的方面，我們都可以拿過來「為我所用」。一般來說，打消客戶的懷疑，我們主要透過專業性來進行：

　　我們前面在提到銷售員要有一定的專業素養時，就強調了銷售員要有一定的專業性，除了在外表的修飾上，還要對自己產品的知識有清楚的了解。如果我們自己都是模稜兩可，又怎麼指望客戶能夠透過我們的講述打消懷疑呢？

　　我在培訓的過程中，就經常教授這種方法給學員，以此來應付那些還心存懷疑的客戶。

　　客戶：「OOO 真的能保證冬天冷啟動沒問題嗎？」

　　我：「我理解您的擔心。可是，您為什麼會有這方面的顧慮呢？」

　　客戶：「×× 品牌說自己低溫啟動好，結果一到冬天，很多車都發不動。」

　　我：「冬天能否順利啟動取決於蓄電池的 CCA 值，OOO 產品的 CCA 值比普通電池高 30％，即使在攝氏零下 40 度也能輕鬆啟動。特別是挖機用的 100A/120A，對 CCA 值要求很高，這是很少有商家能達到要求的，所以很多世界級品牌都找我們代工。您覺得怎麼樣？」

　　當我的學員對客戶說出這番話的時候，客戶對他們可以說是目瞪口呆、刮目相看。憑藉著自己對蓄電池性能熟練的了解，他們成功地消除了客戶心中的懷疑，順利地贏得了客戶的信任。一個人的知識儲備就是這樣，也許大多數時間你都沒有去運用它，可是到了關鍵時刻，它卻能夠發揮著關鍵

性的作用。

　　找到了合適的工具，接下來要做的就是提供強有力的、更有說服力的證據。同時，這是我們打消客戶懷疑的關鍵。

　　首先，我們需要對客戶為什麼會產生懷疑的原因進行深層次的探究。如果客戶是因為對品牌的不信任而產生的懷疑，那我們就可以從向客戶介紹自己品牌的知名度上面下功夫；如果客戶是因為產品的價格高而產生的懷疑，那我們就可以從產品的性價比方面入手，讓客戶心中的觀點產生改變。

　　我曾經接觸過一位OOO的客戶，他這樣問我：「你們真的能夠保證隨叫隨到，按時送貨嗎？」

　　我知道如果我簡單地回答一句「是的」，對客戶來說是沒有說服力的。於是我接著詢問客戶：「您為什麼會有這樣的疑慮呢？」

　　客戶說：「因為車子一旦停下來就要換電池，車主可不等人。」

　　這樣一來，我的心裡就有了底，明白了客戶為什麼會有這樣的擔心，於是我說道：「我明白您是擔心貨物供應不及時，耽誤生意，是嗎？首先，我們執行週期拜訪，我會每隔兩週的星期一來拜訪您，根據您的銷售和庫存情況，為您及時補充各型號庫存，保證您半個月對產品的需求；同時，我

們有物流配送中心，離您這最近的就在 ×× ，如果有特別緊急的車輛型號，我們會在半個小時內送達，這樣您可以放心了吧？」

透過我這麼詳細地對物流方面的介紹，客戶的懷疑就很自然地被消除了。

客戶給我們的機會永遠都是有限的，因此銷售員的每句話都應該是非常慎重的，不能對客戶有隨便應付的心態，確保自己說出來的話對客戶都有一定的「殺傷力」。

當然，在我們探究如何更好地消除客戶的懷疑的時候，其實更重要的是如何在談話中減少客戶懷疑出現的頻率。這才是從根本上解決問題的關鍵。

在前面我們已經提到，拋去客戶的客觀因素的影響，銷售員就只能從自身的介紹上來做工作。透過用逆向思維的方式我們可以知道：既然客戶如此地重視專業性以及事例的具體性，那麼，我們在進行產品的介紹時就應該抓住這一點。

一個良好的產品介紹並不要求有多麼華麗的辭藻，也不需要有多麼誇張的語氣，最主要的是能夠從專業性的角度對產品進行介紹，讓客戶對我們產生一定的「專業敬畏」。同時，我們向客戶講述的事例或者做出的承諾，都要越具體越好，越貼近現實越好！「本土」氣息濃厚的產品介紹，更容易讓客戶產生共鳴。

八、
了解客戶期望是超越期望的唯一方式

　　有一次元旦，我去賣場給我女兒買奶粉。賣場裡的商品琳瑯滿目，很多人擠在賣場裡。我直接走到奶粉的貨架，讓售貨員幫我拿了一箱某品牌的奶粉。等我準備付錢的時候，突然想起來了，今天是元旦，而且我買了一整箱奶粉，應該有禮品贈送啊。於是我跟售貨員說明了我的想法，能否贈送一些禮物。售貨員趕緊跑到貨架的後面，拿了一個綵球和一個相冊，我稱讚道：「真漂亮！」隨口又問了一句：「還有別的贈品嗎？」「我再去看看吧！」她又跑到貨架後面，一分鐘後她拿著一個小汽車笑著對我說：「這個玩具，您的孩子一定很喜歡！」「太好了！謝謝！」雖然我已經感覺很滿意了，但是我真的很好奇這個熱心的售貨員到底有多少贈品，於是厚著臉皮又問了一句：「我是老顧客了，還有什麼贈品送啊？」沒想到她像變戲法一樣又從貨架後面變出了一個保溫桶，這太神奇了！「太感謝你了！還有嗎？」這時她有點為難地說：「先生，這些應該差不多了吧！」其實前面的兩個贈品對我來說已經心滿意足了，但是這個售貨員贈品給的越痛快越多，我的好奇心就越大。

　　故事中的售貨員，她的服務態度很好，讓客戶感覺很舒服。但是我們從中會學到兩個經驗教訓：

- 要想超越客戶的期望做服務，唯一的方法是了解客戶的期望。當我向她要贈品的時候，她如果簡單地問一句：「您想要什麼？」或者「一個綵球和一個相冊，您覺得可以嗎？」我可能就會同意了。

- 透過讓步很難達成交易。你讓步越大，客戶的期望就越大，你就越難滿足他的期望。

曾經有一個年輕人，剛剛找到工作。有一天，他在上班路上遇到了一個乞丐。

出於對乞丐的同情心，他決定從每個月的薪資中給乞丐100 元。兩年之後，這位年輕人談了女朋友，於是給乞丐的錢變成了 50 元；再後來，他結了婚生了孩子，給乞丐的錢就變成了 10 元。

有一天，這個乞丐詢問他為什麼給自己的錢越來越少，他解釋說：「剛生小孩，手頭緊張。」

誰知乞丐把飯碗一摔，非常生氣地說道：「有沒有搞錯，拿我的錢來養你的老婆和孩子！」

過多的免費贈送不會使客戶和銷售員互相受益，銷售員應該清楚什麼時候要提高附加價值，什麼時候應該停止。

銷售員一定要學會適可而止。在成交後，有很多銷售員習慣畫蛇添足地問：「您還需要什麼幫助嗎？」這樣有可能會自找麻煩。

　　如果客戶向我們提出一些不合理的要求，我們該怎麼辦？是聽而不聞、置之不理，還是讓步去滿足他的要求呢？最好是透過談判來實現雙贏，採用一種「用條件換條件」的策略。

　　小明是個六歲的孩子，他有個習慣，總是飯還沒吃完，就要看動畫片。每次問媽媽：「我要看動畫片！」媽媽都說：「不行！先把飯吃完！」於是他又哭又鬧。後來他的爸爸學習了《銷傲江湖》的方法，決定試試「條件換條件」的策略。小明再問媽媽：「我要看動畫片！」爸爸立即說道：「可以啊！我們把飯吃完就可以看動畫片嘍！」於是小明乖乖地吃完飯。

　　這個故事告訴我們，當我們的客戶提出不合理的要求時，你可以不說「NO」，而給他一個雙贏的回答。

　　比如客戶要求：「能否再給5％的優惠？」你可以說：「如果能在月底之前業績達標，我們可以考慮申請適當的優惠。」

　　我們一旦意識到客戶會提出超出他們期望的要求的時候，「條件換條件」策略是非常有用的。它是結束達成交易之舞的全部，但是它並不意味著你必須做出讓步來達成交易。

九、
銷售中只做加法，不做減法

一隻雞和一隻豬合夥開了個飯店，等到飯店開張那天，問題出現了，牠們兩個都想當董事長，怎麼辦？

雞對豬說：「為了公平起見，我們兩個比一下，誰對飯店貢獻大誰當董事長。」

豬說：「沒有問題，你說說你貢獻了什麼？」

雞說：「我每天下一個蛋來炒菜，你呢？」

豬想來想去，一咬牙一拍大腿說：「我每天從自己身上割一塊肉下來炒菜。」

親愛的讀者朋友們：相信你們已經猜出來了故事的結果，三個月後，豬被割死了，而雞順利地當上了董事長。

這個故事告訴我們，其實銷售有兩種方式：生蛋和割肉！割肉式行銷是以銷量和價格戰為導向，為了合作甚至滿足客戶不合理的要求，你賣得便宜，你就沒有利潤空間去做行銷、做推廣、做服務；你越不去做行銷，你的知名度就越低；知名度越低，你的產品就賣得越低……就這樣，你逐漸進入了一個惡性循環，陷入價格泥潭拔不出來，最後就像我們故事中的豬一樣被「割死」了。

而生蛋式的銷售員是以塑造品牌、增加附加價值為導向。有資源去做行銷，從而和消費者建立牢固的情感連繫。

品牌和消費者形成一個良性的雙向互動，你的生意就會生生不息。

正確的「以客戶為中心」，只做加法不做減法。在這一方面，OOO蓄電池銷售員一直都做得非常好。

他們和經銷商談合作的原則是：除了價格和賒銷不能談，其他的什麼都可以談。

因為產品的價格是剛性的，代表著品牌的定位，這是廠商合作必須要達成的共識。正所謂有認同才有合約，OOO銷售員在和客戶進行價格談判的時候，一般都可以讓客戶在短時間透過性價比、售後服務的了解而接受產品的價格。

現金流是商家的血液，沒有充足的現金流，哪有資源去採購、生產、做行銷、做服務、做推廣？即使商家有資源去做市場，也一定會把有限的資源投放到最有希望的市場。

正所謂「天雨雖寬不潤無根之草」，商家也不可能見苗就澆水。經銷商要想申請到商家的資源，一定要顯示出堅定的信心。某汽配公司的李總可以說是深諳此道，他善於與商家結成策略合作夥伴，奠定了他在當地市場的霸主地位。每次開經銷商會議，或做市場推廣，李總都會和商家主動提出：「我出30％的宣傳費用。」看到他這麼有誠意，商家自然也就很爽快地拿出了70％的宣傳費用。

從這個案例中我們也可以看到，銷售員做這種加法其實

並不困難。有一個真誠的心，還有積極的行動，客戶當然會
看在眼裡，感動到心裡。而且，這樣的加法如果做好了，也
會是一種「無限循環」的模式，客戶自然會和我們進行更多
的合作。

　　將心比心。當我們站在客戶的角度考慮，就會發現採購
其實是一件非常難的事情。一旦在這一環節出現錯誤，很有
可能會造成連鎖反應，影響自己接下來的一切銷售。說客戶
是懷著一顆「戰戰兢兢、如履薄冰」的心來採購可以說是一
點都不誇張。為此，在客戶最終簽訂合約的時候，銷售員一
定傳遞給客戶一種信念：選擇我沒有錯！

　　下面，我將透過三個銷售利器來告訴大家如何做好這個
加法：

1. 讓客戶確信

　　每個人都害怕買錯，嫁雞隨雞嫁狗隨狗，換位思考，客
戶在付款的一剎那，他總是忐忑不安，很希望你告訴他：「兄
弟你買對了！」所以你要看著他，鎮定自若，用眼神告訴
他：「不能猶豫，我就是最合適的。」

　　「我覺得您做了一個非常英明的決策！」

　　「我們從來沒有讓客戶失望過，也不會讓您失望，我為
您選擇我們的產品而高興！」

　　當銷售員對客戶說出這樣的話時，客戶的心中一定會產

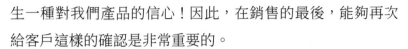

生一種對我們產品的信心！因此，在銷售的最後，能夠再次給客戶這樣的確認是非常重要的。

那些在最後環節忽略了這個步驟的銷售員，很容易因為自己的失誤而讓客戶產生上當受騙的感覺。因此，切記：不要忘記最後一步的銷售確認！

2. 感謝客戶

「非常感謝您對我們產品的關注。」

「非常感謝您能夠耐心地聽我介紹而且最終選擇我們的產品！」

諸如此類的感謝話語在銷售的最後也是必不可少的。只要客戶和我們簽訂合約，無論合約大小，都是對我們工作的一種支持。因此，說上一兩句感謝的話，不僅能讓客戶感覺到這次購買物超所值，而且也為會下次的合作提供良好的情感基礎。

3. 關注後續事項

不要以為客戶成功簽訂了合約就是「萬事大吉」，如果我們沒有做好後續事項的關注，沒有得到客戶肯定的回饋，這一單銷售可以說是沒有價值的。而客戶和我們的合作也會由第一次而變成最後一次。為了避免這一現象的出現，我們可以對客戶做出諸如下面的這些承諾：

「接下來我們需要幫您計算訂單金額，以儘快發貨。我會安排在後天上午 11 ： 00 前把產品送達您的倉庫； 同時，我們將安排工作人員到現場和您一起進行店面建設。您覺得怎麼樣？」

透過一些細節問題上的解決，客戶對我們的印象分絕對會是有增無減。

綜上所述，為了能給客戶留下更好的印象，其實我們在銷售的後期還有許多重要的工作需要完成。只有順利地完成以上這些內容，我們的銷售工作才會更加順利，才會有更多的客戶願意和我們繼續合作。

第七章

總結提升 —— 向下扎根，向上成長

　　成功得到了客戶的承諾，很多銷售員大呼一口氣，宣告自己順利地完成了一次銷售。可是，得到客戶的承諾真的意味著一次銷售的結束嗎？七步制勝法告訴我們：他們忽略了非常重要的最後一步 —— 總結提升！產品固然已經順利地到了客戶的手中，可是銷售員的附加服務卻剛剛開始。對客戶經常進行定期拜訪，及時通報相對應的產業訊息，幫助解決客戶在使用中出現的問題，等等。不知不覺中，客戶已然離不開我們……

　　為了更好地進行下次銷售，銷售員還要對自己及時地進行銷售評估，回顧自己的銷售流程，正視自己出現的問題，這樣才能更好地進步。銷售員不要把自己的思維侷限在現有的框框裡面，多給客戶提供一些超出其預想的服務，不但可以增加客戶對我們產品和服務的好感度，而且能夠讓其幫助我們拓展出更多的客戶。

一、

及時的銷售評估，讓我們快、準、狠地找到自己的問題

我們常說：「吾日三省吾身。」就是指人要不斷地對自己進行反省，及時發現自己的不足。正是因為這個過程，我們才能不斷地進步。

我在前面提到了每一個銷售的結束都不代表著完結，而代表著一個新的開始。及時的銷售評估，就是幫助我們進步的重要工具。有很多銷售員在和客戶簽訂合約後就忽略了這一點，這就導致他們無法取得更長足的進步。

在本書中，我提到的七步制勝，可以說是一門可操作性非常強的銷售訓練。要想將其運用自如，需要在熟記每個步驟的基礎上，在實踐中加以應用，再從應用中不斷總結、提煉、完善。這樣才能形成具有自己特色的七步制勝法。即使是一樣的銷售流程，我們也可以貼上自己的標籤。

在實踐中應用，在應用中思考，在思考中成長！這將使你借助七步制勝法成為「職業型」銷售人員。那麼，對自己進行銷售評估的時候我們需要注意哪些方面呢？下面，我將透過六個銷售利器來告訴各位銷售員如何正確、有效地進行銷售評估。

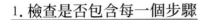

1. 檢查是否包含每一個步驟

透過前面章節的介紹，我們了解到：七步制勝法是一個循序漸進的過程，每一步之間都有著非常緊密的連繫。如果忽略了其中的任何一步，都有可能導致下一步無法順利地進行下去，也許暫時這些問題並不會凸顯出來，但是早晚會成為銷售員的「致命傷」。

因此，銷售員在銷售結束的時候一定要對自己的銷售過程進行一次全面的回顧、重新的梳理。除了整體流程上面的檢查之外，還要注意自己每一步是否都按要求完成、哪個環節出現了什麼問題。

透過這樣的檢查，除了可以讓我們意識到自己出現的問題之外，還會加深我們對這七步流程的記憶，避免了我們在下次的銷售中出現同樣的問題。

2. 準備了什麼好問題

提問也是貫穿七步流程的一個非常重要的技巧。在準備階段，我們可能更多地側重於提問自己。而在下面的步驟中，則需要我們更好地對客戶進行提問。客戶真正的需求以及心中的疑慮，銷售員都可以透過提問而做到心中有數。因此，提問的技巧也是我們銷售技能的一個非常重要的衡量因素。

捫心自問：在這段銷售中，你準備了多少問題？哪些問題對你的銷售造成了實質性的幫助？哪些問題沒有得到預想中的答案？哪些問題是無效的？

當銷售員對上面的這些問題進行回答之後，他也就懂得了如何更好地對客戶進行提問。從實際的問題中吸取經驗，比熟記提問技巧更有效。相信經過這個環節，你的提問能力將有一個大幅度的提升。

3. 發現了客戶哪些需求

對客戶的需求進行整理，這是建立客戶需求倉庫的一個非常重要的步驟。在對客戶進行深挖致命弱點的時候，客戶的種種需求也就漸漸「浮出了水面」。

雖然在實際的銷售中，我們有時候並不是完全滿足了客戶的每一個需求，但我們也不能因此就把客戶的這些需求拋之腦後，而是要按照一定的分類標準進行整理。在接觸其他同等類型的客戶時，我們就能大概地猜測到他們相同的一些需求點，這對我們開拓新客戶可以說是大有裨益。

4. 客戶給出了哪些行動承諾

有承諾就有銷售！推動客戶的承諾是每一個銷售員都應該努力實踐的一步。回顧自己的銷售過程，對客戶的行動承諾進行彙總，這都是為了幫助我們下次更好地獲得客戶的承諾。

當然，我們的總結並不僅僅侷限於客戶承諾的類型和內容上，還要注意到自己是如何得到這些承諾的。當時獲取承諾所採取的方式和技巧，都可以成為我們下次銷售的「經驗之談」。

同樣，也許我們的銷售並沒有得到預期中的客戶承諾，這時候更需要我們對其進行仔細的分析，總結失敗的原因。我們的要求是：不讓自己跳進同一個「陷阱」裡。

5. 客戶的顧慮有哪些

這項總結主要包括兩方面的內容：一是我們解決了客戶的哪些顧慮？二是客戶的心中還有哪些顧慮？

打消客戶心中的顧慮，我們自然也就會成功地拿到客戶的合約。將這些顧慮進行總結，除了幫助接觸同類型的客戶之外，我們還需要在售後仔細地分析客戶產生這些顧慮的原因，甚至要具體到我們前面提到的顧慮的類型：缺點、誤解、懷疑。銷售員應該意識到：客戶的每一個顧慮與自身的銷售方式和技巧是有很大關係的，我們更應該把這些顧慮與其相結合，查看自己究竟在哪些方面出現了失誤，進而進行改正。

當然，客戶的有些顧慮是銷售員當時沒有注意到的。此時，我們更應該回顧整個銷售過程，對客戶可能出現的顧慮進行推測，以便在後期的服務中打消這些潛在的顧慮，讓我們的客戶對我們的服務更加滿意。

6. 改進建議

　　總結銷售過程中的不足不是我們的最終目的，重要的是能夠從這些不足中得到啟示。因此，我們在總結的同時一定要提出自己的改進方案，這才是一個完整的銷售評估。

　　在提出這些建議的時候，我們需要注意的是：不能空談口號！自己的建議要具體到事實中，而且一定要有針對性。那些放之四海而皆準的建議不但無法解決根本性的問題，反而容易讓一些銷售員飄飄然起來。

　　此外，要多提發展性的建議：總結就是為了更好的進步，因此我們的建議中除了需要提出解決現有問題的方案之外，銷售員更應該透過現象看本質，提出一些建設性、創新性的方案。這才是銷售的可持續發展之道。

二、
做高效的客戶服務追蹤

對於客戶的追蹤服務，一直是客戶考量一個公司的重要標準之一。為了更好地維繫和客戶之間的關係，銷售員更是要把這項工作當成銷售後期的重中之重。

然而，雖然銷售員對此有了足夠的重視，但是卻不知道如何有效地進行追蹤服務，導致自己浪費了很多的精力，卻沒有得到客戶的肯定，實在是得不償失。

其實，任何一件事情都有一個高效的、便捷的實現途徑。有些銷售員因為不諳此道，所以才會在進行後期服務時頻頻出錯。為了幫助廣大銷售員更好地掌握對客戶的追蹤技巧，我在下面為大家介紹四種高效的對客戶追蹤服務的辦法，希望能各位眾多的銷售員有一點啟示。

1. 投其所好

在銷售的中期階段，不管是尋找客戶最感興趣的話題，還是把客戶放在銷售的主體地位，都是為了跟著客戶的節奏前進。在服務的後期，我們仍然要堅持這項原則。投其所好，也將成為我們最有效的手段之一。

「今天的天氣不錯，王總沒有去打高爾夫球嗎？」

「今天實在是太幸運了，能夠喝到王總收藏的好茶。」

　　這些簡單的話語其實都可以成為我們對客戶進行追蹤服務時的開場白。第一位客戶也許是一名高爾夫愛好者，而第二名客戶則是一個喜歡喝茶之人。切記：不要在一開始就去提關於產品的一些問題，而是要從客戶感興趣的一些方面入手，由淺入深地引導客戶給我們提供更多的回饋。

　　這樣一來，客戶不僅會和我們建立良好的合作關係，也更有可能和銷售員之間建立良好的私交。這對於銷售員從客戶那裡開闢更大的銷售市場是非常有利的。

2. 噓寒問暖

　　「王總，今天是中秋節，我特意送來了一些我們家鄉的特產請您品嚐。」

　　「李總，聽說你們夫妻喜歡聽交響樂。我這裡正好有兩張票，不如就送給您這樣懂得欣賞的人聽好了。」

　　「趙總，我們公司新一期的行業雜誌出來了，我已經給您快遞過去了，請您注意查收。」上面的這幾句對話，都可以說是對客戶「噓寒問暖」的主要方式。之所以利用這種方式來對客戶進行追蹤回饋，也是為了能夠更好地從情感上來贏得客戶的好感。

　　利用閒暇時光，我們可以和客戶經常進行溝通，而不僅僅侷限於產品方面。只有把和客戶之間可以談得來的這種話題拓寬，我們才可以從客戶口中得到更多有價值的訊息。那

些總是客客氣氣和客戶進行溝通的銷售員，注定不會贏得客戶長久的關注。

3. 知己知彼

正所謂「知己知彼，百戰不殆」，無論是與誰交流，只有對其有充分的了解，我們才能夠找到最合適的話題，進行最有效的溝通。要想和客戶更好地進行交談，銷售員非常有必要對其公司的情況進行了解。在有些方面，甚至要了解的比客戶本人更為詳細。

當然，銷售員的了解不僅僅應該包括產品的使用方面，還應該有客戶公司發展的一些動態。因為，這些都可能成為影響客戶和我們合作的關鍵性因素。不僅如此，這也有利於在客戶面前塑造銷售員專業的形象。

當我們在客戶面前提出自己對於其公司發展的一些觀點時，不僅僅會讓客戶感覺到我們對其的重視程度，更可以凸顯出來我們個人對於本行業知識的一些了解，而這些都可以成為客戶信任我們的基石。

銷售員要趕緊行動起來，對我們的客戶進行更加深入的了解。也許，這裡面就隱藏著我們下次合作的關鍵訊息。

4. 分享心得

對於客戶而言，他們也許並不像銷售員那樣對一些產業的訊息能夠準確及時地進行了解。而銷售員一項非常重要的

任務就是要把這些訊息及時地傳遞到客戶那裡，並且能幫助客戶及時地進行一些經營政策上的調整。

在訊息的分享上面，不僅包括產業的發展趨勢，還包括同行的發展訊息，等等。因為對發展的趨勢有一定的了解，我們就可以幫助客戶規避風險，選擇適合發展的項目，等等。對同行的訊息有一定的了解，我們就可以幫助客戶適時調整商業政策，採取相對應的銷售手段，例如，我們可以對客戶說：

「王老闆，最近我了解到某某品牌的蓄電池將會舉辦促銷活動。為了保證您的利潤不受影響，我們也會幫助您進行一次銷售活動，而且優惠的幅度比他們的還要大。在促銷禮品的安排以及會場的布置、宣傳等方面，我們都會給您提供最大限度上的幫助，您覺得怎麼樣？」

又或者我們可以這樣對客戶說：「王總，您好！最近我們公司又研發了具有自主知識產權的新一代產品，可以在大大提高我們產品的性能。您什麼時候有時間，我給您詳細地介紹一下。」

透過這樣的一些話，客戶不僅會感謝我們對其的重視，而且還會很樂意地接受我們的建議。不管是維護老客戶，還是在老客戶之間開發新客戶，這樣的追蹤服務都將是最有效的服務。

透過上面四種方法的介紹，你是否已經了解了應該如何對客戶進行追蹤服務？其實，只要我們抱著真正為客戶服務的心態來幫助客戶，再採取一些高效的服務方式，就可以讓客戶在對我們滿意的同時，增加更多合作的可能。

三、
服務感動人心

泰國的東方飯店堪稱亞洲飯店之最，幾乎天天客滿，不提前一個月預定是很難有入住機會的，而且客人大都來自西方發達國家。泰國在亞洲算不上特別發達，但為什麼會有如此誘人的飯店呢？原來，他們靠的是提供不同尋常的服務。

他們的客戶服務到底好到什麼程度呢？我們不妨透過一個實例來看一下。

我有一位朋友因公務經常出差泰國，並下榻在東方飯店，第一次入住時良好的飯店環境和服務就給他留下了深刻的印象，當他第二次入住時，幾個細節更使他對飯店的好感迅速升級。

那天早上，在他走出房門準備去餐廳的時候，樓層服務生恭敬地問道：「余先生是要用早餐嗎？」

朋友很奇怪，反問：「你怎麼知道我姓余？」服務生說：「我們飯店規定，晚上要背熟所有客人的姓名。」這令他大吃一驚，因為他頻繁往返於世界各地，入住過無數高級酒店，但這種情況還是第一次碰到。

朋友高興地搭電梯下到餐廳所在的樓層，才剛走出電梯門，餐廳的服務生說：「余先生，裡面請。」他更加疑惑，因為服務生並沒有看到他的房卡，就問：「你知道我姓余？」

服務生答：「上面的電話剛剛下來，說您已經下樓了。」如此高的效率讓余先生再次大吃一驚。

朋友剛走進餐廳，服務小姐微笑著問：「余先生還要老位子嗎？」他的驚訝再次升級，心想：「儘管我不是第一次在這裡吃飯，但最近的一次也有一年多了，難道這裡的服務小姐記憶力那麼好？」看到朋友驚訝的目光，服務小姐主動解釋說：「我剛剛查過電腦記錄，您在去年的 6 月 8 日在靠近第二個窗口的位子上用過早餐。」朋友聽後興奮地說：「老位子！老位子！」

小姐接著問：「老菜單？一個三明治、一杯咖啡、一個雞蛋？」朋友現在已經不再驚訝了：「老菜單，就要老菜單！」朋友已經興奮到了極點。

上餐時餐廳贈送了他一碟小菜，由於這種小菜朋友是第一次看到，就問：「這是什麼？」服務生後退兩步說：「這是我們特有的某某小菜。」朋友揣測：「服務生可能是怕自己說話時口水不小心落在客人的食品上，這才退後了兩步。」總之，這一次早餐給朋友留下了終生難忘的印象。

後來，由於業務調整的原因，朋友有三年的時間沒有再去泰國，在他生日的時候突然收到了一封東方飯店發來的生日賀卡，裡面還附了一封簡訊，內容是：「親愛的余先生，您已經有 3 年沒有來過我們這裡了，我們全體人員都非常想

念您，希望能再次見到您。今天是您的生日，祝您生日愉快！」

朋友當時激動得熱淚盈眶，發誓如果再去泰國，一定還要入住東方飯店。

東方飯店就是這麼重視自己的客戶，而且透過建立一套完善的客戶關係管理體系，使客戶入住後可以得到無微不至的人性化服務，迄今為止，世界各國約 20 萬人曾經入住過那裡，用他們的話說，只要每年有十分之一的老顧客光顧，飯店就會永遠客滿。這就是東方飯店成功的祕訣！

這種給予客戶、服務客戶預期的銷售理念已經在銷售行業中被廣泛採納。而且眾多的事實一再證明：只有提供高於客戶預期的服務，我們的客戶才會更加願意和我們繼續合作。

首先，銷售員應該清醒地意識到這一點：少給客戶一些承諾，多給客戶一些超出預期的服務；多用實際的行動來代替一些口頭上的承諾，這將是打動客戶的最有效手段。

當然，給出超出預期的服務還要有一個基礎，那就是：信守已經對客戶做出的承諾！信守承諾是一種最基本的道德規範，也是銷售人員最基本的職業道德之一。

從做出承諾到履行承諾，銷售員應始終本著務實的原則，要時刻體現出銷售人員真誠的態度和負責任的精神。在

做出承諾之前，一定要考慮清楚自己是否有能力做到。如果只是為了迅速達成交易而誇大產品的功能和服務的範圍，就會使客戶對產品和服務抱有過高的期望。而期望越高，落空之後的失望也就越大。失信於客戶，就等於失去了客戶。所以，銷售人員對客戶做出的承諾一定要量力而行。

其次，記住自己的承諾是誠信的保障。如果隨意許諾，卻無法有效地實現許下的承諾，是對客戶的不尊重。最好是在做出承諾之時，就將詳細內容記錄下來，並常常檢查，這樣才不至於混淆或遺忘。

最後，有諾必踐是誠信的根本。銷售人員對客戶一旦做出承諾，就要主動採取一切可能的措施加以兌現，這樣才能取信於人。在順利成交之後，如果約定了送貨時間，就要按時送貨；約定有相應的贈品優惠，就要及時提供；約定了相應的使用指導、服務諮詢、退換貨保障等，就要如約執行。即使在履行承諾的過程中出現困難，也要用心盡最大努力克服這些困難，即便是有些時候自己需要蒙受一些損失，也不能犧牲客戶的利益。

四、
你的新市場，就潛藏在老客戶之中

有一項關於銷售的研究表明：老客戶對你的貢獻比新客戶要高出 16 倍。由此可見，我們維護好了自己的老客戶關係，更有利於我們開闢新的銷售市場。要想讓自己的新客戶逐漸變成自己的老客戶，我們就必須要透過我們更加完善的售後服務來完成這一步，在銷售的後期讓客戶對我們的信任值翻倍。

許多銷售人員信奉的原則是：「進來，銷售；出去，走向下一位客戶。」這是一次性買賣的生意經，是以找到新客戶來代替老客戶的做事思路。但是，一個成功的銷售人員往往是在保證現有客戶的基礎上再繼續尋找新客戶。如果沒有老客戶做扎實的基礎，新客戶的訂單也只會是對所失去的老客戶的填補，整體業績是不會獲得提高的。

那麼，銷售人員應該怎麼做，才能讓我們的老客戶成為我們的永久客戶呢？又如何讓自己的老客戶不斷地為自己開闢新市場呢？

1. 經常和老客戶保持聯絡

在前面的章節中我曾經提到了一個向我銷售的保險銷售員。在這之後，他果真按照他所承諾的那樣，一有新的理財

產品，就會及時地打電話給我。雖然我現在還沒有購買過他的產品。但是我知道，憑藉著他的這種真誠，當我有這方面需求的時候，一定會在第一時間選擇他的產品。其實，銷售員對於老客戶，也應該像這樣經常保持聯絡。

在和客戶不斷的聯絡中，讓老客戶切身感受到我們對他的關懷以及重視程度，同時再加上週到仔細的售後服務，這些都是從內心深處打動客戶的最有效措施。當你再向老客戶推薦新產品的時候，他也一定會欣然接受。

同時，和老客戶保持聯絡也能節省銷售費用和時間，減少銷售成本。很顯然，維護關係比建立關係要容易很多，據有關數據表明：發展一個新客戶的費用是維持現有客戶的6倍。

看看那些成功的銷售人員的做法，他們幾乎都是把很大的精力花在了鞏固與客戶的長期關係上面。他們清楚地了解到：讓客戶重複消費的最好方法就是與客戶經常接觸。因為，在市場景氣的時候，與客戶保持這種長期關係可以使業績突飛猛進；在市場低迷的時候，它又可以維持生存。

2. 有計劃性地進行聯繫

和客戶不斷保持聯絡的同時，銷售員還要注意到：和老客戶的聯繫要有一定的計劃性，確保用最正確的方式贏得最大的效果。下面的幾條建議，也許會對你有一定的幫助：

⊙ 對於一筆新開始的交易，你要在交易的第二天寄上一封短函以表示感謝，向客戶確認你承諾的送貨時間，並感謝他的支持。等貨物送出後，你要再次與客戶進行聯繫，確認客戶是否收到貨物，以及產品有無品質問題等。

⊙ 在客戶生日的時候，你要寄上一張生日卡片，這是你與客戶保持聯繫的有效方法。

⊙ 建立一份客戶及其所購買的產品的清單，當產品功效及價格出現任何變動時，應及時通知客戶。

⊙ 計劃好拜訪路線，以便你能在約見某位客戶的途中，順便去拜訪一下那些不經常聯絡的客戶。

⊙ 假如客戶不是經常購買，銷售人員可進行季節性拜訪。

透過上面的五條建議，你是否已經掌握了如何有計劃地和客戶建立聯繫的祕訣？

3. 讓客戶為自己推薦新客戶

很多的銷售實例表明：老客戶推薦生意的成功率高達60％以上。因此，銷售員一定要足夠重視老客戶給我們推薦的每一個人。對很多有經驗的銷售人員來說，他們也往往把重視被推薦的客戶作為他們提高銷售業績的重要途徑。讓我們來分析一下這裡面的原因：

被推薦的客戶本身已屬於潛在客戶，因為推薦者從自己

的購買過程中已初步認定：被推薦的客戶也許會有購買你的產品或者服務的意願。而銷售員可能只需要一個簡單的產品推薦，就能夠讓新客戶愉快地和我們合作。

同時，推薦者本身能夠給被推薦的客戶帶來較高的認同感！如果一個新客戶在沒有推薦的情況下接觸銷售員，一般情況下都會稍微有點戒備情緒，而接觸那些被推薦的客戶時，對方就很少會有這種心理。

更重要的是，老客戶的推薦可以為銷售人員帶來更好的信譽。只有好的產品和服務才值得被推薦。因此，不管是否與被推薦的客戶成交，新、老客戶都會覺得我們的產品是值得信賴的。

了解了這個原因之後，銷售員要做的就是好好地利用老客戶的推薦。比如：遇到被推薦的客戶，一定要像朋友一樣進行招待，讓對方感受到自己受到了足夠的重視；同時，即使交易不成功，也要感謝客戶的信任，熱情地向他表示如果以後有機會，自己仍然很願意為他提供服務。

不要忽略了這些小細節展示，早晚有一日，他們會以少聚多，成為我們「克敵制勝」的關鍵武器。

我曾經接觸過一些銷售員，他們只重視吸引新客戶，而忽視保持現有客戶，把整個銷售的重心放在了售前和售中，以至於在後期的售後服務中的諸多問題得不到及時有效的解

決，從而使現有客戶大量流失。雖然他們為了保持銷售額，不斷地補充「新客戶」，可是他們卻忽略了在這其中浪費掉的各種資源成本。

在產品越來越同質化的今天，我們更需要重視老客戶的維護，重視老客戶中新市場的拓展，重視老客戶推薦的新客戶。只有牢牢地抓住了老客戶這個資源，我們才會在銷售中避免走很多的彎路，走上快捷、高速的銷售通道，進而跨入到「雞生蛋、蛋生雞」的良性銷售發展模式。

電子書購買

爽讀 APP

國家圖書館出版品預行編目資料

贏心策略！銷售只靠七步成交，讓客戶現在就需要：激發興趣 × 潛意識溝通 × 診斷式提問，從準備到成交，挖出對方需求要用心理學技巧 / 柯勝威 著 . -- 第一版 . -- 臺北市：財經錢線文化事業有限公司 , 2024.02
面；　公分
POD 版
ISBN 978-957-680-737-4(平裝)
1.CST: 銷售 2.CST: 行銷心理學
496.5　　　113000192

贏心策略！銷售只靠七步成交，讓客戶現在就需要：激發興趣 × 潛意識溝通 × 診斷式提問，從準備到成交，挖出對方需求要用心理學技巧

臉書

作　　　者：柯勝威
發 行 人：黃振庭
出 版 者：財經錢線文化事業有限公司
發 行 者：財經錢線文化事業有限公司
E - m a i l：sonbookservice@gmail.com
粉 絲 頁：https://www.facebook.com/sonbookss/
網　　　址：https://sonbook.net/
地　　　址：台北市中正區重慶南路一段六十一號八樓 815 室
Rm. 815, 8F., No.61, Sec. 1, Chongqing S. Rd., Zhongzheng Dist., Taipei City 100, Taiwan
電　　　話：(02) 2370-3310　　　傳　　　真：(02) 2388-1990
印　　　刷：京峯數位服務有限公司
律 師 顧 問：廣華律師事務所 張珮琦律師

定　　　價：399 元
發行日期：2024 年 02 月第一版
◎本書以 POD 印製